高等学校土木工程专业"十四五"系列教材
高等学校土木工程专业应用型本科系列教材
绍兴文理学院新形态教材出版基金资助

岩土与地下工程监测实验

陈忠清　夏才初　编著

中国建筑工业出版社

图书在版编目（CIP）数据

岩土与地下工程监测实验/陈忠清，夏才初编著
. —北京：中国建筑工业出版社，2021.5
高等学校土木工程专业"十四五"系列教材　高等学
校土木工程专业应用型本科系列教材　绍兴文理学院新形
态教材出版基金资助
ISBN 978-7-112-26064-5

Ⅰ.①岩…　Ⅱ.①陈…②夏…　Ⅲ.①岩土工程－监
测－实验－高等学校－教材②地下工程测量－实验－高等
学校－教材　Ⅳ.①TU413-33②TU198-33

中国版本图书馆 CIP 数据核字（2021）第 066128 号

本书主要介绍了岩土与地下工程监测实验的仪器设备、基本原理、操作步骤及成果整理方法。内容包括传感器标定实验、岩土体及地下结构深层水平位移监测实验、土体分层沉降监测实验、隧道洞周收敛监测实验、实验数据无线自动测试系统实验、深基坑施工监测模拟实验、隧道地质雷达探测实验、超声波测试实验及类岩石材料不均匀冻胀实验。

本书可作为高等学校土木工程、地质工程等专业的本科实验教学指导书，也可作为土木工程监测技术人员的培训教材或参考用书，同时可供土木工程、地质工程等专业硕士研究生开展土木工程现场测试与监测或室内实验研究参考。

为了更好地支持教学，我社向采用本书作为教材的教师提供课件，有需要者可与出版社联系，索取方式如下：建工书院 http://edu.cabplink.com，邮箱 jckj@cabp.com.cn，电话 010-58337285。

责任编辑：仕　帅　吉万旺　王　跃
责任校对：赵　菲

高等学校土木工程专业"十四五"系列教材
高等学校土木工程专业应用型本科系列教材
绍兴文理学院新形态教材出版基金资助

岩土与地下工程监测实验
陈忠清　夏才初　编著

*

中国建筑工业出版社出版、发行（北京海淀三里河路 9 号）
各地新华书店、建筑书店经销
唐山龙达图文制作有限公司制版
北京建筑工业印刷厂印刷

*

开本：787 毫米×1092 毫米　1/16　印张：5½　字数：138 千字
2021 年 6 月第一版　2021 年 6 月第一次印刷
定价：**22.00 元**（赠教师课件及配套数字资源）
ISBN 978-7-112-26064-5
（37579）

前　言

　　岩土与地下工程的建设普遍采用信息化设计施工方法，根据既有的资料和经验进行初期设计，根据设计进行施工，然后在施工中进行现场监测，并根据监测结果调整施工参数和工艺或调整设计参数和方法。测试与监测几乎贯穿于岩土与地下工程勘察、设计、施工和运营的全过程，起着极其重要的作用。本书使学生能够直观感受土木工程测试与监测过程，进一步加深对测试与监测基本原理的理解，熟悉并掌握常见测试与监测仪器设备的操作及成果整理方法，为将来从事土木工程监测工作打下坚实的基础。

　　全书共分9章，第1章传感器标定实验，第2章岩土体及地下结构深层水平位移监测实验，第3章土体分层沉降监测实验，第4章隧道洞周收敛监测实验，第5章实验数据无线自动测试系统实验，第6章深基坑施工监测模拟实验，第7章隧道地质雷达探测实验，第8章超声波测试实验，第9章类岩石材料不均匀冻胀实验。书中采用嵌入二维码的形式配制了相关数字资源，包括实验教学视频及现场监测操作视频等。

　　本书第1、2、3、4、7、8章由陈忠清编写，第5、6、9章由夏才初编写，全书由陈忠清统稿。本书在教学视频录制过程中得到了李安原博士、戴燕华老师及2016级土木工程专业岩土及地下工程方向本科生的支持，在现场监测视频录制及资料整理过程中得到了王执旺、魏威、吴天宇、朱文韬等研究生的帮助，同时在编写过程中引用了许多专家、学者在科研及教学中积累的宝贵资料，在此谨向他们一并表示衷心的感谢。

　　限于作者水平，书中定有欠妥甚至错误之处，敬请读者批评指正。

编　者

2021 年 3 月

目　　录

第 1 章

传感器标定实验

本章课前导读

学习内容：

（1）振弦式传感器的工作原理及常见类型；

（2）手摇式压力校验器、液压标定台及测缝计标定台等标定设备的构成；

（3）利用手摇式压力校验器标定振弦式土压力盒的实验步骤、利用液压标定台标定振弦式土压力盒与孔压计的实验步骤及利用测缝计标定台标定振弦式测缝计的实验步骤；

（4）振弦式传感器标定实验成果整理方法和实验注意事项。

学习目标：

（1）能够描述振弦式传感器的工作原理及类型；

（2）能够介绍常见的振弦式传感器（如土压力盒、孔压计及测缝计）标定的基本方法和操作过程；

（3）能够运用线性回归等统计分析方法处理实验数据，并能够描述如何将得到的标定曲线应用于相应传感器的监测结果分析。

1.1 概　　述

传感器是将难以直接测定和记录的被测物理量（如土木工程测试中的位移、压力、应变、应力等）转换成易于检测、传输及处理的电量或光量信号的一种测试元件，亦称为换能器或探头。传感器的种类很多，按照变换原理分类，可包括机械式、电阻式、电容式、电磁式、差动变压器式、压电式、压磁式、光电式、振弦式（或称为钢弦频率式）及光纤光栅式等。振弦式传感器构造简单，测试结果比较稳定，受温度影响较小，且易于防潮，可用于长期监测，因此在土木工程现场测试和监测中得到广泛的应用。

传感器标定主要用于建立传感器输入量和输出量之间的关系，明确传感器的输出特性，得到输出特性曲线或标定曲线。通过传感器标定实验，可以了解常见振弦式传感器的工作原理及类型，熟悉并掌握振弦式传感器标定的基本方法和操作过程，以及标定实验数据的处理方法。

1.2 实验仪器设备及原理

1.2.1 振弦式传感器

1. 工作原理

通过外力作用下传感器钢弦内应力（σ）的变化，转变为钢弦振动频率（f）的变化，频率信号再经电缆输出，来实现压力及位移的测量，如式（1-1）所示。

$$f = \frac{1}{2L}\sqrt{\frac{\sigma}{\rho}} \qquad (1-1)$$

二维码 1-1
实验仪器设
备及原理

式中　f——钢弦振动频率；

　　　L——钢弦长度；

　　　ρ——钢弦的密度；

　　　σ——钢弦所受的张拉应力。

2. 常见传感器类型

（1）振弦式土压力盒，见图 1-1（a）。土压力盒的量程可根据实际工程需要选用，常见量程有 0.4MPa、0.6MPa、1.0MPa 及 2.0MPa，测量精度一般可达 0.1%F.S.，广泛应用于建筑、交通、水电、大坝、隧道等工程领域的现场土压力监测。

（2）振弦式孔压计，见图 1-1（b）。孔压计的量程可根据实际工程需要选用，常见量程有 0.4MPa、0.6MPa、1.0MPa 及 1.6MPa，测量精度一般可达 0.1%F.S.，广泛应用于建筑、交通、水电、大坝、隧道等工程领域的现场孔隙水压力监测。

（3）振弦式测缝计，见图 1-1（c）。测缝计的量程可根据实际工程需要选用，常见量程有 20mm、50mm 及 100mm，测量精度一般可达 0.1%F.S.，广泛应用于建筑、交通、水电、大坝、隧道等工程领域的现场表面变形监测。

1.2.2 标定设备

1. 手摇式压力校验器

（1）手摇式压力校验器用于振弦式土压力盒的标定，主要由 9 部分组成，如图 1-2（a）所示。

（2）当手摇活塞推进时，油缸内的液压油流向压力盒端和压力表端或储油杯，如图 1-2

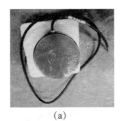
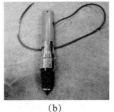
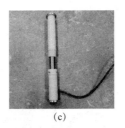

(a)　　　　　　　　(b)　　　　　　　　(c)

图 1-1　振弦式传感器

(a) 振弦式土压力盒；(b) 振弦式孔压计；(c) 振弦式测缝计

(a)

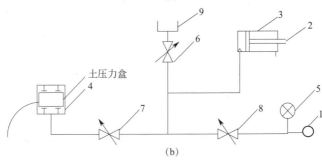

(b)

图 1-2　手摇式压力校验器

(a) 实物图；(b) 原理示意图

1-摇手；2-活塞；3-油缸；4-压力盒固定器；5-压力表；6-总油阀；7-压力盒油阀；8-压力表油阀；9-储油杯

(b) 所示。油的流向取决于三个油阀的开闭状态：当总油阀打开时，油流入储油杯，无法加载；当总油阀关闭，且压力盒油阀或压力表油阀打开，油流向压力盒及压力表，进行加载。

(3) 当手摇活塞后退时，如果总油阀打开，则储油杯里的油进入油缸，起到油缸加油的作用；如果总油阀关闭，且压力盒油阀或压力表油阀打开，则压力盒端或压力表端的液压油流向油缸，进行卸载。

2. 液压标定台

液压标定台可用于振弦式土压力盒、孔压计等传感器的标定，主要由标定罐、手动试压泵、压力表及振弦式读数仪（或称为频率仪）组成，见图 1-3。

1) 标定罐（图 1-3a）

(1) 罐体净尺寸一般为 $\phi 300\mathrm{mm} \times 800\mathrm{mm}$，用来存放待标定传感器和水；

(2) 罐盖上设有压力表连接端（1 个），传感器电缆线出口端（8 个），手动试压泵连接端（1 个）；

（3）标定罐最高工作压力一般为 4.0MPa。

2）手动试压泵（图 1-3b）

其主要用于给标定罐提供压力源，以得到传感器标定过程中所需的各级压力。

（a） （b）

图 1-3 液压标定台

（a）试验标定罐；（b）手动试压泵

3）压力表

其用于量测各级加压时标定罐内的压力，可根据传感器标定需要选择合适的精度和量程。

4）振弦式读数仪

其用于标定过程中采集振弦式土压力盒及孔压传感器在各级压力下的输出频率。扫频激励范围一般为 500～6000Hz，测频率的分辨率为 0.1Hz，测模数的分辨率为 0.1F，精度为 0.01%F. S.。

3. 测缝计标定台

测缝计标定台用于振弦式测缝计的标定，主要由手摇把、主框架、次框架、数显尺及测缝计固定端等组成，见图 1-4。标定范围一般为 0～250mm，标定精度为 0.01mm。

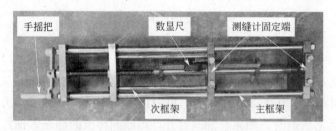

图 1-4 测缝计标定台

标定过程中，通过手摇把来控制次框架在主框架上的前后移动，次框架同时带动数显尺移动；测缝计的两端通过螺栓分别固定在主框架和次框架上；最后通过转动手摇把改变测缝计的伸缩长度。

1.3 实验操作与记录

1.3.1 操作步骤

1. 利用手摇式压力校验器标定振弦式土压力盒

（1）测试无压频率。将土压力盒标定装置卸载至油压表读数为 0MPa，使土压力盒处于无压状态，测量并记录土压力盒的输出频率 f_0。

（2）加载测试有压频率。根据土压力盒标定装置的油压表读数，按 0.02MPa 分 10 级加载至 0.2MPa，测量并记录土压力盒的输出频率 f_i。

（3）卸载测试有压频率。根据土压力盒标定装置的油压表读数，按 0.02MPa 分级卸载至 0MPa，测量并记录土压力盒的输出频率 f_i。

（4）结束操作。将土压力盒标定装置完全卸载，确认总油阀、压力盒油阀和压力表油阀全部打开，压力表读数为零，将活塞推进至零行程。

2. 利用液压标定台标定振弦式土压力盒及孔压计

（1）将待标定的传感器放入标定罐体中，将传感器的电缆线头拉出罐体外，并向罐体内注满水。

（2）将罐体法兰圈上"O"形密封槽内清理干净，并放上"O"形密封圈，然后把罐盖立在罐体的法兰上，将传感器的电缆线头从罐盖上的出线口引出至罐盖外，并合上罐盖。

二维码 1-2
利用液压标定
台标定振弦式
土压力盒及孔
压计

（3）对准罐体法兰与罐盖周边的螺纹孔，穿上螺栓并拧紧，同时在罐盖上的电缆出线口安装橡胶密封塞，并用压紧螺栓拧紧密封。

（4）从罐盖的压力表连接端口向罐体内注水，直至连接管泵端口处出水，然后将连接管与手动压力泵连接并拧紧。

（5）操作手动压力泵，向罐内压水，直至压力表连接端口处冒水，并立即拧上相适应的压力表，此时采用振弦式读数仪测读并记录土压力盒或孔压计的初始输出频率 f_0。

（6）继续操作手动压力泵向标定罐内加压，直至标定实验规定值后进行恒压，此时采用振弦式读数仪测读并记录土压力盒或孔压计的输出频率 f_i。

（7）重复步骤（6），直至完成各级加载压力下土压力盒或孔压计输出频率的测读和记录，然后进行卸载，直至完成各级卸载压力下土压力盒或孔压计输出频率的测读和记录。

（8）试验完毕后，先卸去压力值，再按照相应的步骤打开标定罐，取出传感器。

3. 利用测缝计标定台标定振弦式测缝计

（1）转动手摇把，调节测缝计固定端之间的距离。

（2）将测缝计安装在标定台上，并拧紧固定端的螺栓，以避免标定过程中测缝计与主、次框架端产生相对移动。

（3）打开数显尺的红色电源开关，再按绿色清"0"开关进行清零。

（4）根据测缝计的量程确定标定时的各级伸缩量，转动手摇把以拉伸测缝计，至各级目标伸长量时，采用频率仪测读并记录相应的频率，即为进程读数。

（5）反方向转动手摇把以压缩测缝计，至各级目标压缩量时，采用频率仪测读并记录相应的频率，即为回程读数。

（6）标定完毕后，卸下测缝计。

1.3.2 实验记录

振弦式土压力盒及孔压计标定实验记录见表 1-1，振弦式测缝计标定实验记录见表 1-2。

振弦式土压力盒及孔压计标定记录表　　　　　　　　表 1-1

序号	加载(进程)				卸载(回程)			
	P_i(MPa)	f_i(Hz)	$f_i^2-f_0^2$(Hz²)	K(MPa/Hz²)	P_i(MPa)	f_i(Hz)	$f_i^2-f_0^2$(Hz²)	K(MPa/Hz²)
	实验成果及分析							

实验名称　　　　　　　仪器设备名称

实验日期　　　　　　　仪器设备编号

实验者：　　　　　　计算者：　　　　　　校核者：

振弦式测缝计标定记录表　　　表 1-2

序号	测量范围	0～100mm					
	位移(mm)	进程 1(Hz)	回程 1(Hz)	进程 2(Hz)	回程 2(Hz)	计算位移(mm)	误差(%F.S.)

实验名称 ＿＿＿＿＿　仪器设备名称 ＿＿＿＿＿

实验日期 ＿＿＿＿＿　仪器设备编号 ＿＿＿＿＿

实验成果及分析

实验者：　　　　　计算者：　　　　　校核者：

1.4 实验成果整理

传感器标定实验的成果整理主要是将传感器的输入量和输出量绘制成标定曲线，或进一步通过拟合得到标定函数。

1.4.1 振弦式土压力盒和孔压计标定实验成果整理

振弦式土压力盒或孔压计所受压力 P 与其输出的钢弦频率值 f 的关系为：

$$P = K(f_i^2 - f_0^2) \tag{1-2}$$

式中　P——振弦式传感器所受的压力（MPa）；

　　　f_i——振弦式传感器受压后钢弦的频率（Hz）；

　　　f_0——振弦式传感器未受压时钢弦的频率，即初始输出频率（Hz）；

　　　K——标定系数（MPa/Hz^2）。

振弦式传感器的标定即通过测试振弦式土压力盒或孔压计未加压时的输出频率 f_0 和一系列压力与频率数据组（$P_i - f_i$），进行线性回归分析，得到标定曲线，并求出标定系数 K。

可按以下步骤进行成果整理：

（1）计算各级荷载下输出频率与初始输出频率的平方差 x，即有：

$$x = (f_i^2 - f_0^2) \tag{1-3}$$

$$P = Kx \tag{1-4}$$

（2）按式（1-4）形式进行线性回归，绘制标定曲线，见图1-5，分别求出加载与卸载对应的标定系数 K；

（3）比较加载与卸载时标定系数 K 的差异，并分析原因。

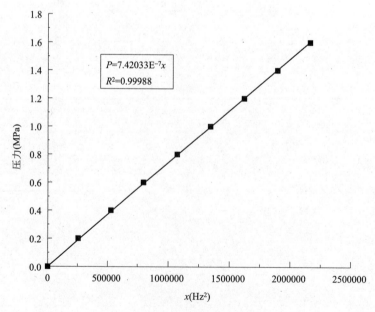

图 1-5　振弦式土压力盒标定曲线

1.4.2　振弦式测缝计标定实验成果整理

振弦式测缝计所量测的裂缝开合度 L 与其输出的钢弦频率值 f 的关系为：

$$L = K(f_i^2 - f_0^2) \tag{1-5}$$

式中　L——传感器所量测的裂缝开合度或变形（mm）；

f_i——传感器受力后钢弦的频率（Hz）；

f_0——传感器未受力时钢弦的频率（Hz）；

K——标定系数（mm/Hz^2）。

振弦式测缝计的标定即通过测试测缝计未受力时的输出频率 f_0 和一系列裂缝开合度或变形与频率数据组 $(L_i - f_i)$，进行线性回归分析，得到标定曲线，并求出标定系数 K。

可按以下步骤进行成果整理：

（1）计算各级裂缝开合度或变形下的输出频率与初始输出频率的平方差 y，即有：

$$y = (f_i^2 - f_0^2) \tag{1-6}$$

$$L = Ky \tag{1-7}$$

（2）按式（1-7）进行线性回归，绘制标定曲线，见图 1-6，分别求出进程与回程的标定系数 K；

（3）比较进程与回程时标定系数 K 的差异，并分析原因。

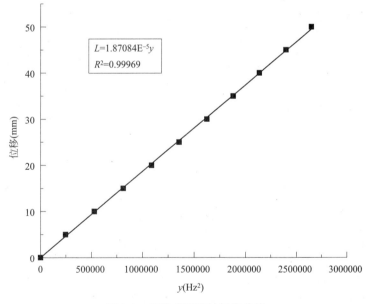

图 1-6　振弦式测缝计标定曲线

1.5　实验注意事项

（1）利用液压标定台进行土压力盒或孔压计标定时，需拧紧标定罐罐体法兰与罐盖的螺栓，同时密封好罐盖上的电缆出线口，以免标定过程中出现漏水或安全问题；

（2）实验过程中，注意检查传感器的密封性，如果发现有水从传感器电缆线中流出，说明该传感器密封性存在问题，而将影响其标定结果的准确性。

第 2 章

岩土体及地下结构深层水平位移监测实验

本章课前导读

学习内容:

(1) 测斜仪及附属设备的基本构造,以及测斜仪的工作原理;

(2) 测斜仪的使用方法、测斜管的基本安装方法,以及利用测斜仪进行岩土体或地下结构深层水平位移监测的操作步骤与数据记录;

(3) 深层水平位移监测成果的整理方法;

(4) 深层水平位移监测过程中的注意事项。

学习目标:

(1) 能够描述测斜仪及附属设备的基本构造和功能;

(2) 能够介绍岩土体及地下结构深层水平位移监测的基本原理和主要操作过程;

(3) 能够运用测试系统软件或 Excel 等其他软件处理深层水平位移监测实验数据,能够运用线性回归等统计分析方法进行数据分析,并能够绘制相关监测实验曲线,以及能够描述实际应用中如何对得到的深层水平位移监测结果曲线进行分析。

二维码 2-1
深层水平位
移监测实验

2.1　概　　述

深层水平位移是岩土体或地下构筑物在不同深度范围发生的水平向变形，比如基坑工程中围护墙深层水平位移及坑外土体深层水平位移，盾构隧道施工中周围岩土体的深层水平位移，边坡工程中岩土体的深层水平位移，以及软土地基路堤施工过程中地基深层水平位移。通常利用深层水平位移监测了解基坑开挖过程中围护结构和岩土体的变形特征，了解盾构隧道施工对周围环境的影响程度，以及边坡岩土体的变形和稳定性。

通过土体及地下结构深层水平位移监测实验，可以了解测斜仪及附属设备的基本构造和工作原理，熟悉并掌握测斜仪的基本操作方法和测斜管的基本安装方法，以及深层水平位移监测实验数据的处理方法。

2.2　实验仪器设备及原理

2.2.1　仪器设备

1. 测斜仪

（1）探头，见图 2-1（a）。探头内含测斜传感元件，一般采用伺服加速度计。

（2）读数仪，见图 2-1（a）。一般分有线数据采集和无线数据采集两种，其中有线采集时探头和读数仪通过电缆直接连接来实现，而无线采集时探头和读数仪（平板电脑）一般通过蓝牙技术无线连接来实现。

二维码 2-2
国产测斜仪
介绍

（3）电缆及其绞盘，见图 2-1（b）。电缆上设有深度标记，深度间隔一般为 50cm，其中第一个深度标记距离探头上导轮 50cm；电缆绞盘可为探头供电，并实现探头和读数仪之间的数据传输。

（4）电缆定位装置，见图 2-1（a）。其可用于测量时稳定电缆及探头。

2. 附属设备

（1）测斜管，见图 2-1（c）。一般采用 PVC 管，管内壁设有 4 条导槽或滑动槽，各槽相隔 90°；国产测斜管尺寸多为内径 ϕ58mm，外径 ϕ70mm，单根长度一般为 2m；通常需要与连接管、管座及管盖配合使用。

（2）连接管，见图 2-1（d）。一般采用 PVC 管，内径为 ϕ70mm，外径为 ϕ82mm，长度通常为 300mm。

（3）管座，见图 2-1（e）。位于测斜管底端，与管外径匹配，防止泥砂从管底端进入管内的一个安全护盖。

（4）管盖，见图 2-1（e）。其用于保护测斜管管口，防止杂物从管口掉入管内影响正常观测工作，也由聚氯乙烯材料制成，其外形尺寸一般与管座相同。

2.2.2　实验原理

通过测量测斜管轴线与铅垂线之间的夹角变化量，来计算出地下结构与岩土体中不同深度位置各点的水平位移量，如图 2-2 所示。

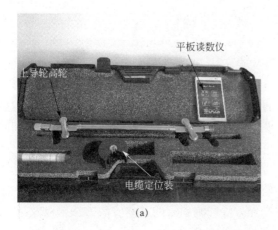
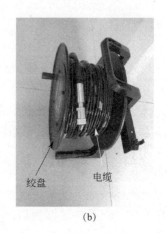

(a)　　　　　　　　　　　　　　　　(b)

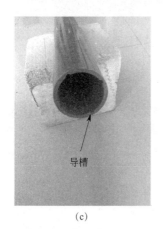
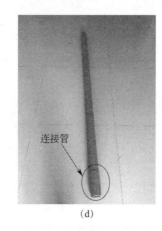

(c)　　　　　　　(d)　　　　　　　(e)

图 2-1　仪器设备实物图

(a) 探头；(b) 电缆及其绞盘；(c) 测斜管；(d) 连接管；(e) 管座（盖）

一般需要在岩土体内预先钻孔，连接测斜管后垂直埋入钻孔中，或者在地下结构施工过程中预埋测斜管，且测斜管的其中 2 条导槽与被测体的水平变形方向一致。

当地下结构或岩土体发生水平变形时，认为测斜管与其发生同步位移，用测斜仪沿深度逐段量测变形后测斜管轴线与垂直线之间的夹角 θ_i，并按测点的分段长度分别求出不同深度处的各测点的相对水平偏移量 $\Delta\delta_i$，通过逐点累加可以计算其不同深度处的水平位移。

1）各测点上的相对水平偏移量为：

$$\Delta\delta_i = L_i \times \sin\theta_i \tag{2-1}$$

式中　　$\Delta\delta_i$——第 i 测点的水平偏差值（mm）；

L_i——第 i 测点的长度（mm），一般取 500mm；

θ_i——第 i 测点的管轴线与铅垂线的夹角（°），即倾角值。

2）由测斜管底部测点开始逐段累加，可得第 k 测点处的绝对水平偏移量为：

$$\delta_k = d_0 + \sum_{i=1}^{k} L_i \times \sin\theta_i \tag{2-2}$$

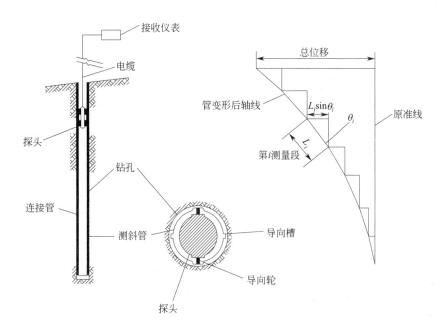

图 2-2 测斜仪的工作原理示意图

式中 d_0——实测起算点即测斜管管底的水平位移。

当测斜管埋设足够深时，可认为管底为不动点，因此 d_0 可取 0。

3）第 k 测点第 j 次测量的水平位移 d_{jk} 为该测点本次与第一次绝对水平偏移量的差值：

$$d_{jk} = \delta_{jk} - \delta_{1k} = d_{j0} + \sum_{i=1}^{k} L_i \times (\sin\theta_{ji} - \sin\theta_{1i}) \qquad (2\text{-}3)$$

式中 δ_{jk}——第 j 次测量时第 k 测点的绝对水平偏移量（mm）；

δ_{1k}——第 1 次测量（即初始测量）时第 k 测点的绝对水平偏移量（mm）；

d_{j0}——第 j 次测量时，实测起算点即测斜管管底的水平位移（mm）；

θ_{ji}——第 j 次测量时，第 i 测点的倾角值（°）；

θ_{1i}——第 i 测点的倾角初始值（°）。

2.3 实验准备工作

实验开始前，需要先安装测斜管。如果实验中测试深度超过 2m，可利用建筑物的楼梯设施，在楼梯转角处安放测斜管，来模拟测斜管的现场安装。

利用设有略大于测斜管外径圆孔的混凝土墩，见图 2-3，作为测斜固定端，以保持测斜管底部位置不变。通过人为推动测斜管管口，使测斜管发生整体倾斜，来模拟测斜管现场受力发生水平向变形的过程。

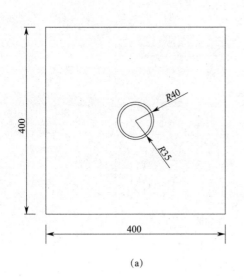

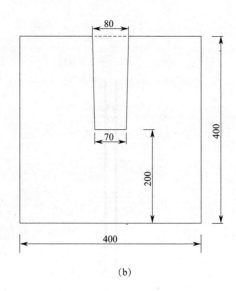

(a)　　　　　　　　　　　　　　　　　(b)

图 2-3　混凝土墩结构示意图（单位：mm）
（a）俯视图；（b）左视图

2.4　实验操作与记录

2.4.1　操作步骤

（1）连接测斜仪探头和电缆，使测斜仪系统正常工作，并打开电缆绞盘开关和读数仪，进行参数设置。若采用有线数据采集，直接连接读数仪和电缆；若采用无线数据采集，启动平板电脑读数仪的蓝牙功能并连接。

（2）将测斜探头以 0°方向（一般为探头上导轮的高轮所指方向）插入测斜管内，使滚轮沿导槽自上而下缓慢放至管底。

（3）将电缆定位装置安放于测斜管顶部，确保各测点在每次监测时均保持在同一点位置。

（4）测量自测斜管管底开始，将探头沿测斜管导槽底部自下而上提拉，测得每隔 50cm 的读数，直至孔口测完各个读数，并记录或存储监测数据。

（5）当 0°方向测量完毕后，将探头取出，旋转 180°后，再次插入同一对导槽，按以上方法重复测量，记录或存储 180°方向的监测数据。

（6）测试结束后，关闭电缆绞盘开关，并通过 USB 电缆传输等方式从读数仪中导出实验数据。

2.4.2　实验记录

深层水平位移监测实验数据记录见表 2-1。

二维码 2-3
国产测斜仪
的现场操作
（正测）

二维码 2-4
国产测斜仪
的现场操作
（反测）

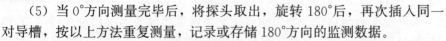

深层水平位移监测实验数据记录表 表 2-1

序号	深度(m)	第___次测试			第___次测试			数据处理结果	
		0°测值	180°测值	读数差	0°测值	180°测值	读数差	相对水平偏移(mm)	绝对水平偏移(mm)
		实验名称			**仪器设备名称**				
		实验日期			**仪器设备编号**				
1	0.5								
2	1.0								
3	1.5								
4	2.0								
5	2.5								
6	3.0								
7	3.5								
8	4.0								
9	4.5								
10	5.0								
11	6.5								
12	7.0								
13	7.5								
14	8.0								
15	8.5								
16	9.0								
17	9.5								
18	10.0								
19	10.5								
20	11.0								
21	11.5								
22	12.0								

实验者:　　　　　　　　计算者:　　　　　　　　校核者:

2.5　实验成果整理

一般情况下，各测点在测斜仪探头 0° 和 180° 两个方向量测的读数为数值大小相近、符号相反的一系列数据，各测点的读数可分别记为 x_{1i} 和 x_{2i}，即有（$x_{1i}+x_{2i}$）接近于 0。每一测斜监测实验结束时，应及时查看 0° 和 180° 两个方向量测的读数之和，如果出现（$x_{1i}+x_{2i}$）明显偏离零值，应分析原因并进行补测。

1. 计算位移

一般可直接由测斜仪配套数据处理软件得到不同深度各测点的当次水平位移和相对初始状态的累计水平位移。也可参考以下方法进行整理：

（1）将各测点在探头 0° 和 180° 两个方向量测的数据 x_{1i} 和 x_{2i} 进行相减处理，得到各测点处的读数差（$x_{1i}-x_{2i}$）。

（2）由读数差（$x_{1i}-x_{2i}$）计算出各测点的第 j 次测量时的相对水平偏移量 $\Delta\delta_{ji}$。

（3）从测斜管的固定端开始，对 $\Delta\delta_{ji}$ 进行累加计算，得到各测点第 j 次测量时的绝对水平偏移量 δ_{ji}。

（4）通过比较各测点前后两次（比如第 j 次和第 $j-1$ 次）测量的绝对水平偏移量，即可得到各测点的第 j 次测量的水平位移变化量 Δd_{ji}，而通过比较各测点第 j 次测量时的 δ_{ji} 值与初次测量时的 δ_{1i} 值，即可求得各测点位置第 j 次测量时的水平位移 d_{ji}。

2. 绘制曲线

（1）以深度为纵坐标，每次量测的深层水平位移为横坐标，绘制深层水平位移-深度曲线，见图 2-4。

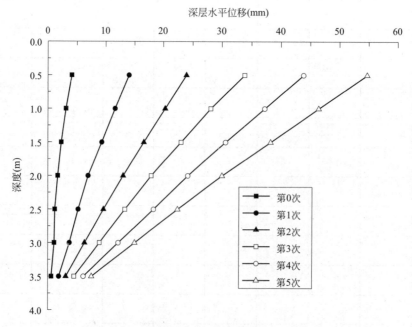

图 2-4　深层水平位移与深度关系曲线

（2）以深度为纵坐标，深层水平位移速率为横坐标，绘制深层水平位移速率-深度曲线，见图 2-5。

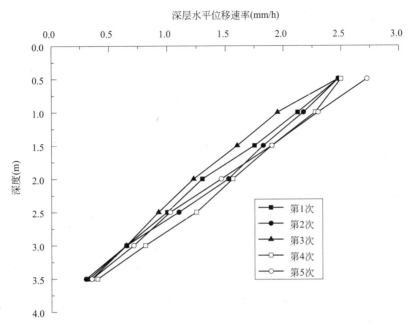

图 2-5   深层水平位移速率与深度关系曲线

2.6   实验注意事项

（1）每次量测时，都应将电缆刻度与测斜管管口固定位置对准，以防读数不准确；
（2）实验时，测斜管导槽方向要与水平位移方向保持一致。

第 3 章

土体分层沉降监测实验

本章课前导读

学习内容：

（1）分层沉降仪及附属设备的基本构造，以及分层沉降仪的工作原理；

（2）分层沉降仪的使用方法、分层沉降管及磁环的基本安装方法，以及利用分层沉降仪进行土体分层沉降监测的操作步骤与数据记录；

（3）分层沉降监测成果的整理方法；

（4）分层沉降监测过程中的注意事项。

学习目标：

（1）能够描述分层沉降仪及附属设备的基本构造和功能；

（2）能够介绍土体分层沉降监测的基本原理和主要操作过程；

（3）能够运用 Origin、Excel 等软件处理分层沉降监测实验数据，能够运用线性回归等统计分析方法进行数据分析，并能够绘制相关监测实验曲线，以及能够描述实际应用中如何对得到的分层沉降监测结果曲线进行分析。

二维码 3-1

土体分层

沉降监测实验

3.1　概　　述

土体分层沉降是地基土或路堤等构筑物在不同深度范围发生的竖向变形，比如基坑工程中坑外土层的竖向变形，盾构隧道施工中周围地层土体的分层竖向变形监测，以及路堤施工过程中软土地基的分层竖向变形监测。通常利用分层沉降监测了解基坑开挖或盾构施工对周围土体的影响深度范围及影响程度，同时了解路堤施工过程中软土地基在不同深度处的压缩情况。

通过土体分层沉降监测实验，可以了解分层沉降仪的基本构造和工作原理，熟悉并掌握分层沉降仪的基本操作方法，以及分层沉降监测实验数据的处理方法。

3.2　实验仪器设备及原理

3.2.1　仪器设备

1. 分层沉降仪

1）探头，见图 3-1(a)。探头采用电磁感应原理设计，对磁性材料敏感，可准确感知沉降磁环所在的位置，分辨率一般为 1mm。

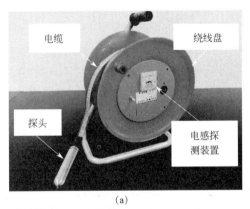

(a)

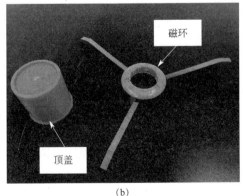

(b)

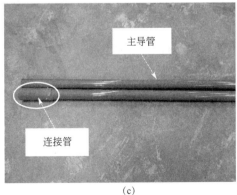

(c)

图 3-1　分层沉降监测仪器实物图

(a) 分层沉降仪；(b) 磁环和顶盖；(c) 主导管和连接管

2）电缆及绕线盘，见图 3-1（a）。电缆带有刻度标尺，同时具有测量磁环位置和导线的功能。

3）电感探测装置，见图 3-1（a）。电感探测装置主要包括蜂鸣器和指示仪表，位于电缆的绕线盘上。

2. 附属设备

1）沉降磁环，见图 3-1（b）。其主要由塑料外壳、磁性材料及三根外伸金属条组成。

（1）塑料外壳内径为 $\phi55mm$，略大于主导管外径；

（2）磁性材料安装于塑料外壳内部；

（3）三根外伸的弹性金属条外径为 $\phi90mm$，用于固定磁环和周围土体，使其同步发生竖向位移。

2）定位环。一般采用内径略大于主导管外径的 10mm 宽 PVC 管，用螺丝钉安装在主导管的分层沉降监测点处，以固定磁环的初始位置。

3）分层沉降管，见图 3-1（b）和图 3-1（c）。其主要包括主导管、连接管、底盖和顶盖。

（1）主导管一般采用内外径分别为 $\phi45mm$ 和 $\phi53mm$ 的 PVC 管，单根长度为 2m；

（2）连接管用于连接单根的主导管，内径尺寸略大于主导管的外径尺寸；

（3）底盖位于沉降管底端，与管外径匹配，用于防止泥砂从管底端进入管内而堵塞主导管；

（4）顶盖用于保护沉降管管口，防止杂物从管口掉入管内而影响正常观测工作，形状规格与底盖相同。

3.2.2 实验原理

通常在沉降管孔口作一标记，每次量测都以该标记为基准点。当分层沉降仪的探头通过磁环时，产生电磁感应信号，通过电缆传输至地表的电感探测装置。蜂鸣器发出声光警报，同时仪表也有指示，读取孔口标记点对应的电缆标尺刻度值，即为沉降磁环距离孔口标记点的深度。通过监测各磁环位置的变化，可得到土中不同深度处的沉降，即为分层沉降。

3.3 实验准备工作

实验开始前，需要先安装分层沉降管。可利用建筑物的楼梯设施，在楼梯转角处安放分层沉降管，来模拟沉降管的现场安装。

利用设有略大于分层沉降管外径圆孔的混凝土墩（参见图 2-3），作为固定端，以保持沉降管底部位置不变。通过人为调整沉降磁环的位置，来模拟不同深度处的磁环随土体发生沉降的过程。

3.4 实验操作与记录

3.4.1 操作步骤

（1）测试前先拧松绕线盘后面的止紧螺栓，让绕线盘转动自由后，按下电源按钮，电源指示灯亮。

（2）打开分层沉降仪电源开关，用一沉降磁环套住探头移动，以检查仪器是否工作正常。当沉降磁环遇到探头的感应点时，电感探测装置发出声光警报，同时仪表有指示，说明沉降仪工作正常。

（3）以孔口为标高，从上往下顺孔将探头缓缓放入沉降管中，当探头敏感中心与沉降环相交时，蜂鸣器发出声光警报，仪表指示值同时变大。此时读取并记录电缆标尺在基准点上的指示值，即为进程测读的该磁环深度值。

（4）当探头穿过最后一个磁环后，再缓慢提升探头，此时从下往上探头敏感中心将再一次与磁环相交，蜂鸣器再次发出声光警报，同时电表指示值变大。此时读取并记录电缆标尺在基准点上的指示值，即为回程测读的该磁环深度值。

（5）测试结束后，关掉电源。

3.4.2　实验记录

土体分层沉降监测实验记录见表 3-1。

土体分层沉降监测实验记录表　　　　　　　　　表 3-1

实验名称			仪器设备名称			
实验日期			仪器设备编号			
测点编号	进程读数（mm）	回程读数（mm）	本次分层沉降量(mm)	累计分层沉降量(mm)	变化速率（mm/d）	备注

实验者：　　　　　　　　　　计算者：　　　　　　　　　　校核者：

3.5 实验成果整理

1. 计算

分层沉降监测过程中进程测读的第 i 个测点对应的磁环深度可用字母 J_i 表示，回程测读的磁环深度可用字母 H_i 表示，则通过平均处理即可得第 i 个测点对应的磁环距离管口基准点的深度，可用字母 S_i 表示。计算公式如下：

$$S_i = (J_i + H_i)/2 \qquad (3\text{-}1)$$

式中　i——孔中测读的点数，即土层中磁环的个数；

$\quad\quad S_i$——第 i 个测点距管口的实际深度（m）；

$\quad\quad J_i$——第 i 个测点在进程测读时距管口的深度（m）；

$\quad\quad H_i$——第 i 个测点在回程测读时距管口的深度（m）。

第 i 个测点每次实验的量测值与相应初始值之差，即为该测点的沉降 Δh_i。计算公式如下：

$$\Delta h_i = 1000 \times (S_i - S_{i0}) \qquad (3\text{-}2)$$

式中　S_{i0}——第 i 个测点距管口的初始深度（m）；

$\quad\quad \Delta h_i$——第 i 个测点的分层沉降（mm）。

2. 绘制曲线

（1）以深度为纵坐标，本次量测的分层沉降为横坐标，绘制本次土体分层沉降-深度曲线，即不同深度土体竖向变形随时间变化的过程线，见图 3-2。

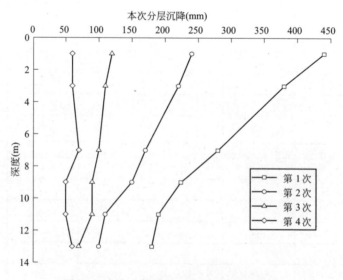

图 3-2　本次土体分层沉降与深度关系曲线

（2）以深度为纵坐标，累计土体分层沉降为横坐标，绘制相应的累计分层沉降-深度曲线，见图 3-3。

（3）以深度为纵坐标，分层沉降速率为横坐标，绘制分层沉降速率-深度曲线，见图 3-4。

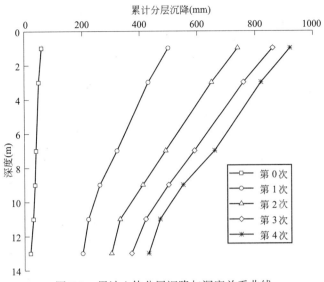

图 3-3　累计土体分层沉降与深度关系曲线

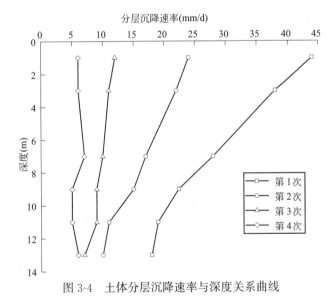

图 3-4　土体分层沉降速率与深度关系曲线

3.6　实验注意事项

（1）当探头进入到土层中磁环时，蜂鸣器会立即发出声音或电压表有指示，此时应缓慢地收、放测量电缆，以便仔细地寻找到发音或指示瞬间的确切位置后读出该点距管口的深度；

（2）读数的准确性常常取决于如何判定发音或指示的起始位置，测量的精度与操作者的熟练程度有关，故应反复练习与操作；

（3）沉降测头进入每一只磁环时都有两次响声，但必须以第一次响声为标准测读，即进程是第一次响声，回程也是第一次响声；

（4）当报警声很小或无声时，表明电基本耗尽，应及时更换电池。

第 4 章

隧道洞周收敛监测实验

本章课前导读

学习内容：

(1) 激光收敛仪及附属设备的基本构造，以及利用激光收敛仪监测隧道洞周收敛的工作原理；

(2) 激光收敛仪的使用方法、对准调节装置及反光片的基本安装方法，以及利用激光收敛仪进行隧道洞周收敛监测的操作步骤与数据记录；

(3) 隧道洞周收敛监测成果的整理方法；

(4) 隧道洞周收敛监测过程中的注意事项。

学习目标：

(1) 能够描述激光收敛仪及附属设备的基本构造和功能；

(2) 能够介绍隧道洞周收敛监测的基本原理和主要操作过程；

(3) 能够运用测试系统软件或 Excel 等其他软件处理隧道洞周收敛监测实验数据，能够运用线性回归等统计分析方法进行数据分析，并能够绘制相关监测实验曲线，以及能够描述实际应用中如何对得到的隧道洞周收敛监测结果曲线进行分析。

二维码 4-1
隧道洞周收敛
监测实验

4.1　概　述

隧道洞周收敛监测主要用于交通、铁路、地铁及其他行业中监测隧道内壁面两点连线方向的相对位移。洞周收敛监测是岩石隧道或盾构隧道施工监测中最重要和最有效的监测项目，用以监控隧道周边岩土体的稳定性或支护，保证隧道施工安全，可以为诸如二衬施设时间确定、支护设计参数修正以及施工工艺优化等提供依据。

通过隧道洞周收敛监测实验，可以了解激光收敛仪的基本构造和工作原理，熟悉并掌握激光收敛仪的基本操作方法，以及隧道洞周收敛监测数据处理方法。

4.2　实验仪器设备及原理

4.2.1　仪器设备和配件

1. 激光收敛仪主机

主机开发有面板，具有编辑、测量、计算、传输等面板功能，见图 4-1(a)。编辑功能主要实现测量前项目名称、断面编号和测线编号的输入；测量功能主要通过触发外接按钮测量数据并存储于主机内存中，并对测量数据设置加密算法以防止数据造假；计算功能主要通过调用某测线的前一次监测数据以计算其收敛变形增量，以及调用某测线的第一次监测数据以计算其累计收敛变形量；传输功能主要实现测量数据的有线和无线传输。

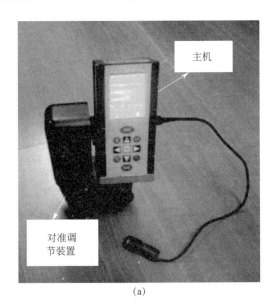

图 4-1　激光收敛仪监测系统实物图

(a) 主机及对准调节装置；(b) 合页反光片

2. 对准调节装置

设有两个转轴，可以实现主机绕俯仰轴和回转轴进行 360°调节，同时具有锁死粗调而进行微调的功能，见图 4-1(a)。

3. 合页反光片

安装时可以调节合页的角度，使得激光束与反光片上的激光目标点尽可能垂直，见图4-1(b)。

4. 混凝土块

用电钻在混凝土块上打出直径为18mm和深度为60mm的孔，并将特制的膨胀螺栓插入孔中，拧紧以固定好螺栓。采用该形式的混凝土块（2个），来模拟隧道洞壁的两个测点。

与传统收敛计相比，隧道激光收敛仪有以下优点：

（1）监测效率高，监测劳动强度低；

（2）定线装置简单、小巧，容易保护；

（3）操作简便快捷，监测时不影响隧道正常施工；

（4）监测精度有保证，比传统的杆尺式和弦式收敛计的监测精度可控，比其他各种激光测距仪的固定装置的精度高；

（5）可储存足够的测量数据，并用数据线导入电脑，实现无纸化监测；

（6）有数据记录时的时钟计时功能，并设置有数据加密功能，可以防止监测数据造假。

4.2.2 实验原理

为了模拟实际的隧道量测断面情况，实验时选择在实验室某处（一般选择在屋顶或顶棚）布置一个反光片，来模拟隧道拱顶 A 测点，而采用两个混凝土块来模拟 B、C 两测点处隧道洞壁的围岩，见图4-2。通过调整两个混凝土块在水平上的位置，来模拟洞周收敛监测点的变化情况。

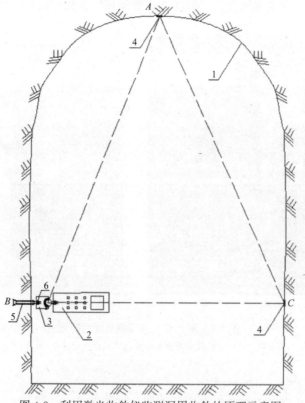

图4-2　利用激光收敛仪监测洞周收敛的原理示意图

1-隧道洞壁；2-激光收敛仪；3-对准调节装置；4-反光片；5-特制膨胀螺栓；6-特制膨胀螺栓的转换接头

　　根据隧道监测断面内的收敛测线选定测点的位置，在两个待测点处分别安装特制膨胀螺栓和反光片，量测时将连接有收敛仪主机的对准调节装置，通过底部的转换接头安装固定于混凝土块上的特制膨胀螺栓，并调节对准调节装置使激光点照准待测点反光片中央，按外置触发按钮记录读数，如图 4-2 所示。

　　通过计算同一测线的前后两次距离的变化，即可得到隧道内壁两点连线方向的相对位移，通过计算同一测线当前距离与初始测量距离的变化，即可得到隧道内壁两点连线方向的累计相对位移。

4.3　实验准备工作

　　（1）实验开始前，先将其中一个混凝土块放置在某一位置（代表 B 测点），打开激光收敛仪主机内部的电子气泡，调整对准调节装置，使收敛仪水平；

　　（2）然后打开收敛仪的激光，根据激光照射点的位置确定另一个混凝土块上的反光片位置（代表 C 测点），反光片位置需靠近膨胀螺栓；

　　（3）通过对准调节装置调节激光照射点的位置，根据激光照射点在屋顶的位置来确定顶部反光片的粘贴点（代表 A 测点）；

　　（4）测点位置确定后，可正式开始实验。

4.4　实验操作与记录

4.4.1　操作步骤

　　（1）将激光收敛仪安装在混凝土块（B）上，打开收敛仪，选择"修改"按钮，输入当次监测的"文件名称""断面编号""测线编号"，选择"确定"，进入测量状态。

　　（2）打开激光收敛仪的激光，调节对准调节装置，使激光照射点对准混凝土块（C）上的反光点，激发触发器，仪器自动测量并存储三次 BC 两点间的距离；调节对准调节装置，使激光照射点对准屋顶（A）的反光点，激发触发器，仪器自动测量并存储三次 AB 两点间的距离。

　　（3）取下激光收敛仪，将仪器安装到混凝土块（C）上的膨胀螺栓，打开收敛仪的激光，调节对准调节装置，使激光照射点对准屋顶（A）的反光点，激发触发器，仪器自动测量并存储三次 AC 两点间的距离。

　　（4）将测量数据导入电脑，打开激光收敛仪附带的计算软件，按照软件操作使用说明，完成数据分析和计算。以上步骤便完成了一个隧道断面的初始测线距离量测和分析计算。其他断面量测操作相同，只需在步骤（1）设置不同的断面编号。

　　（5）调整混凝土块在水平方向上的位置，来模拟隧道洞周收敛监测点的变化情况。调整好混凝土块在水平方向的位置后，重复步骤（2）～（5）的操作，完成隧道断面第一次洞周收敛变化后的测线距离量测。

　　（6）重复前一步骤的操作，便可模拟不同时间段的隧道断面收敛变化后的测线距离量测。

4.4.2　实验记录

　　隧道洞周收敛监测实验记录如表 4-1 所示。

洞周收敛监测记录表 表 4-1

测线编号	量测时间（时分）	第一次读数（m）	第二次读数（m）	第三次读数（m）	平均读数（m）	累计收敛值（mm）	相对收敛值（mm）	间隔时间（d）	收敛速率（mm/d）
实验名称				仪器设备名称					
实验日期				仪器设备编号					

实验者： 计算者： 校核者：

4.5　实验成果整理

1. 数据计算处理

（1）将不同测线前后两次的量测距离进行相减处理，得到相应测点连线方向的相对位移，即为相对收敛值。

（2）通过比较各测线的量测距离与初始量测距离（即第一次读数），求得相应测点连线方向的累计相对位移，即为累计收敛值。

（3）根据隧道洞周相对收敛值与相应监测时间间隔之比，可算出相应的收敛速率。

2. 绘制曲线

（1）以量测时间为横坐标，洞周收敛位移为纵坐标，绘制洞周收敛-时间曲线，即不同测点连线方向的相对位移随时间变化的过程线，见图 4-3。

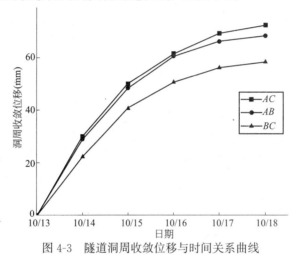

图 4-3　隧道洞周收敛位移与时间关系曲线

（2）以量测时间为横坐标，洞周收敛速率为纵坐标，可以绘制相应测线的收敛速率-时间曲线，见图 4-4。

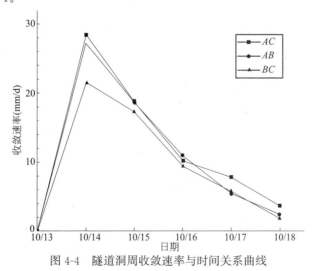

图 4-4　隧道洞周收敛速率与时间关系曲线

（3）可以直接采用激光收敛仪的附带软件进行测量数据处理，然后自动绘制相关曲线图，见图 4-5。

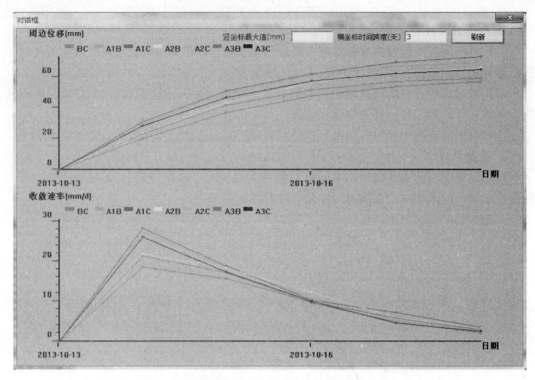

图 4-5　隧道洞周收敛位移及速率与时间关系曲线

4.6　实验注意事项

（1）激光收敛仪属于二级激光产品，不能直视或瞄准他人眼部。
（2）不能将激光收敛仪直接瞄准太阳，或在黑暗中晃照他人。
（3）实验时应避免碰撞或剧烈晃动激光收敛仪。
（4）实验时应注意安全，避免混凝土块砸伤。
（5）实验每次激发触发器前应固定好混凝土块，避免混凝土块的轻微晃动影响测量结果。

第 5 章

实验数据无线自动测试系统实验

本章课前导读

学习内容：

(1) 无线静态应变测试系统的基本组成及工作原理；

(2) 无线多功能静态应变仪的使用方法、系统软件的安装及使用方法，以及无线组网的构建；

(3) 无线静态应变测试系统的操作步骤与数据记录存储；

(4) 应变测试数据处理及成果整理方法；

(5) 无线静态应变测试过程中的注意事项。

学习目标：

(1) 能够描述无线静态应变测试系统的基本组成和功能；

(2) 能够介绍无线静态应变测试系统的基本原理和主要操作过程；

(3) 能够运用测试系统软件处理应变测试实验数据，能够运用线性回归等统计分析方法进行数据分析，并能够绘制相关弯矩-应变曲线，以及能够描述实际应用中如何根据得到的测试结果曲线计算弹性模量等参数。

5.1 概　　述

随着无线网络、通信和计算机技术的发展，现代电子测量技术已逐步从传统的有线人工测量向基于无线传感网络技术的无线自动测试系统发展。无线测试系统不存在众多的连线，可以较为方便地实现设备间的数据通信，可移动的无线网络会极大地拓宽自动测试的应用范围，计算机软件的开发则使得数据的存储、访问、分析、处理等便捷、智能、高效，因此无线自动测试系统具有极高的优越性。

通过试验数据无线自动测试系统实验，可以了解无线自动测试系统的基本组成和实现方式，熟悉无线自动测试的基本原理，体验无线自动测试的优越性，掌握无线多功能静态应变仪的基本操作和数据处理方法。

5.2 实验仪器设备及原理

5.2.1 仪器设备

无线静态应变测试系统由 USB 网关、多功能静态应变仪和系统软件三部分组成，如图 5-1 所示。

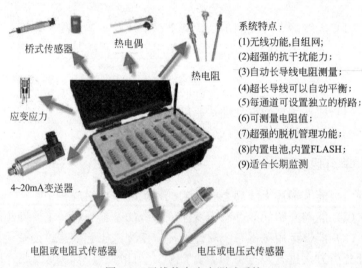

图 5-1 无线静态应变测试系统

1. 多功能静态应变仪

多功能静态应变仪包括电源、放大器、模数转换模块及桥路转换模块，其通过用途选择控制器选择信号输入端与所述放大器及桥路转换模块的连接方式，使静态应变仪可根据使用者的需要，既可作为桥路转换工具也可作为静态应变仪完成整个采样和数据处理任务，同时其还可配合所选择的用途采用相应信号输入输出端输入输出信号。

多功能静态应变仪的主要性能指标如下：

（1）通道数：8；

（2）量程：约 $\pm 15000\mu\varepsilon/\pm 30000\mu\varepsilon/\pm 60000\mu\varepsilon$；

（3）分辨率：$0.5/1/2\mu\varepsilon$；

（4）测量误差：$\pm 0.3\%$ FS$\pm 2\mu\varepsilon$；

（5）平衡范围：$0\sim\pm 10000\mu\varepsilon/\pm 20000\mu\varepsilon/\pm 50000\mu\varepsilon$；

（6）稳定性：温漂小于 $1\mu\varepsilon/℃$；时漂小于 $3\mu\varepsilon/4h$；

（7）应变片阻值：$60\sim 1000\Omega$；

（8）桥路类型：全桥、半桥、1/4 桥（120Ω 应变片无补偿）、1/4 桥（公共补偿片）、三线制自补偿应变片、电压输入（热电偶）、电阻及电阻型传感器（支持三线制）、4～20mA 变送器等；每通道独立设置。

2. USB 网关（含 USB 连接线）

USB 网关起通信处理器的功能，能按照一定的协议与总线上所有其他的智能节点进行对等的数据通信，如图 5-2 所示。在该无线静态应变测试系统中，即起到通过无线网络向主控计算机传输多功能静态应变仪输出的信号的作用。

3. 系统软件

与多功能静态应变仪和 USB 网关配套使用的运行于主控计算机系统的软件，用于实现对测量系统的控制，以及测量信号的接收、存储、处理、再输出等功能。

无线静态应变测试系统有以下特点：

（1）支持高速测量模式；

（2）支持 USB、总线组网、无线组网测试方式；

（3）内置大容量存储器；

（4）支持在线、离线测试；

（5）全电子化、程控化设计；

（6）即用的 USB 无线网关。

图 5-2　USB 网关

4. 纯弯曲铝合金梁受力变形系统（图 5-3）

（1）铝合金梁和支座。铝合金梁尺寸：$40mm\times 30mm\times 1000mm$。左右支座分别置于距铝合金梁两端 10cm 处，梁上有刻度线，间距为 5cm。

（2）500g 砝码 2 个，加载用，对称放置于梁上表面，每轮测量过程中同步向跨中移动一格刻度（即 5cm）。

（3）应变片（含连接导线头）及粘贴工具。

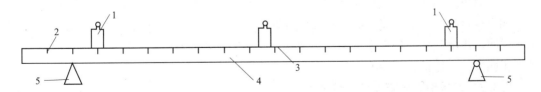

图 5-3　纯弯曲梁加载变形系统

1-砝码；2-刻度线；3-应变片；4-铝合金梁试件；5-支座

5.2.2　实验原理

1. 力学理论

跨中弯矩：

$$M=Fx \tag{5-1}$$

式中　M——跨中弯矩；

　　　F——砝码重量；

　　　x——加载点距近侧支座的距离。

测点应力和应变：

$$\sigma=\frac{M}{W} \tag{5-2a}$$

$$\varepsilon=\frac{\sigma}{E} \tag{5-2b}$$

式中　σ、ε——分别为测点处应力、应变；

　　　W——抗弯截面系数，$W=bh^2/6$；

　　　E——铝合金弹性模量。

2. 测量系统原理

静态应变仪是专为测试材料受静态力的作用而产生形变的检测仪器，它由测量电桥、放大器等组成。其通常是根据电桥测量原理，通过由应变计或应变片与标准电阻组成的电桥将应变转换成电量进行测量，贴在被测构件上的电阻应变片接于测量电桥上，构件受载变形时，应变片的电量值也随之发生了变化，两个变化量之间有明确的对应关系，这样就把非电量（应变）转换成电量（电阻值），测量电桥有电压输出，经放大器放大后输出信号，通过 USB 网关构建的无线组网可传输到主控计算机上，通过配套软件完成后续数据转换、存储、处理等工作。

5.3　实验准备工作

5.3.1　系统软件的安装及使用

系统软件的安装参照通用软件安装方式遵照提示完成，软件的使用参照软件帮助文件，仪器的使用配合软件帮助文件的说明。

用户在新使用此设备时，务必对系统软件及硬件进行一些模拟测试，以了解系统的功能。

仪器的网关以及 USB 有线连接时需要安装 USB 驱动程序，驱动程序在安装的目录下，安装时可能两次提示选择驱动程序，只需遵照提示选择 USB2RS232 目录安装即可。

如果计算机未安装过此 USB-RS232 的驱动程序，接入无线网关或无线静态应变仪，查看说明书跟随安装新硬件向导完成新硬件的安装。需要注意的是，安装完成后应查看安装的正确性，具体操作见说明书。

5.3.2　无线静态应变仪使用前的准备工作

1. 电源

实验开始前应变仪的电源处于关闭状态。仪器使用前保证电池电量充足，及时充电；使用外接电源时注意外接电源的接入极性。

2. 应变片

在铝合金梁试件跨中上表面贴好工作片（注意应变片方向沿试件轴向），补偿片可贴在试件端面上，并使用万用表或其他仪器检测应变片是否正常工作。

3. USB 网关

实验开始前构建好无线组网，如图 5-4 所示，检查网关是否正常工作，并测试组网的连通性。

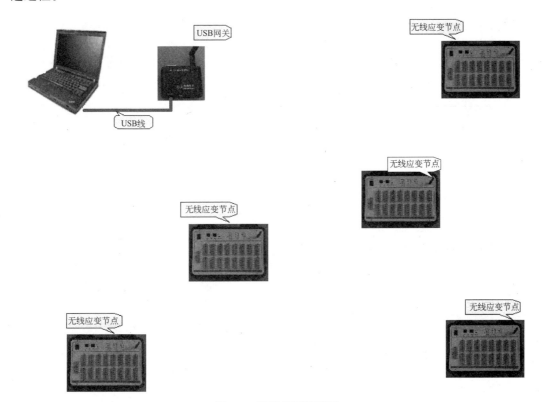

图 5-4　无线组网示意图

5.4　实验操作与记录

5.4.1　操作步骤

（1）将 USB 网关与主控计算机通过数据线连接。

（2）打开静态应变仪，仪器开机后会自动查找网关，在找到网关后"ZIGBEE LINK"指示灯闪烁。

（3）打开主控计算机配套系统软件，软件界面如图 5-5 所示，注意此时界面下方有"系统未联机"提示。

（4）选择工具栏"控制"选项，并点击查找设备，此时系统会搜寻在线设备，如图 5-6 所示，应变仪启动、网关正常工作的情况下，系统便会联机成功，如图 5-7 所示，此时界面下方出现通道信息，并提示系统连接正常。

（5）在界面下方"通用参数"窗口选择"测量内容"，设置"小数点位数"和"偏移量"等参数，在"应变应力"窗口选择"桥路"和"联接形式"，输入"应变片电阻""导线电阻"等参数，如图 5-8 所示，并根据"接线方法"和"通道"，在应变仪上将工作片

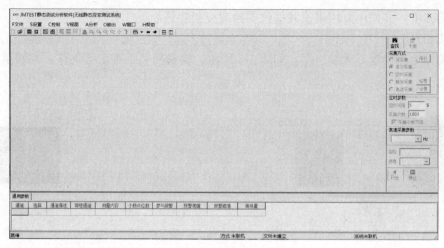

图 5-5　系统软件界面

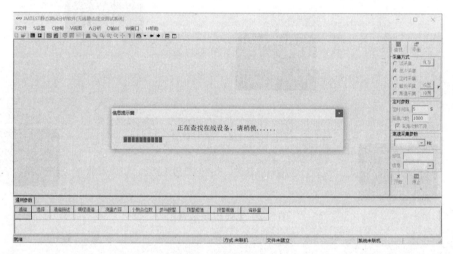

图 5-6　查找在线设备

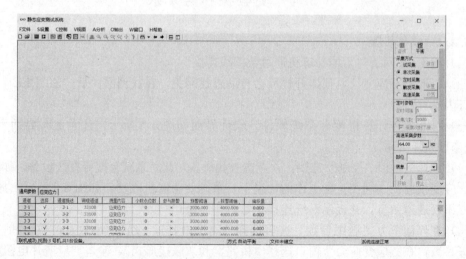

图 5-7　联机成功

和补偿片连接导线头接入相应通道的桥路中。

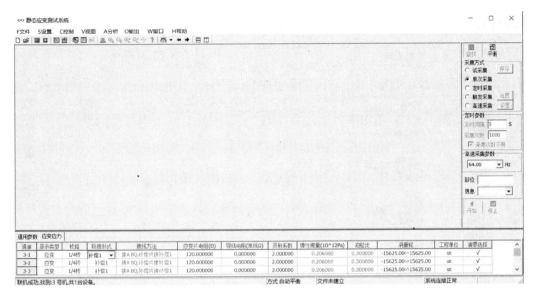

图 5-8 "应变应力"窗口

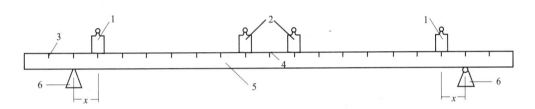

图 5-9 试件加载系统（x 为加载点距近侧支座的位移，每轮测量 x 增加一格刻度）

1-砝码；2-砝码最终加载位置；3-刻度线；4-应变片；

5-铝合金梁试件；6-支座

（6）点击右侧"平衡"按钮，平衡后，将砝码对称放置在试件上表面（支座间）刻度线上进行加载，位置 $x=5$cm，如图 5-9 所示，选择采集方式，点击下方"开始"按钮，设置项目文件名称和存储位置，如图 5-10 所示，设置完成后开始采集数据，如图 5-11 所示，演示并未连接应变片，故采集数据均为 0。

（7）采集 30s（暂定）后，将左右砝码同步向跨中移动一个刻度（即 x 增加一格刻度）并继续采集 30s，重复此步骤至砝码移至距跨中 5cm 处（最终加载位置），如图 5-8 所示，采集 30s 后测量结束，点击"停止"按钮。

（8）点击"视图"工具栏下列框中的"多页表格"可查看采集的数据，"输出"工具栏可选择将采集的数据输出到 Excel 中，方便后续数据处理；数据存储无误后，断开网关，关闭应变仪电源，卸下与应变片的连接并整理好。

5.4.2 实验记录

无线自动测试系统实验记录由软件自动记录存储，用户可以输出到 Excel 中以进行后续数据处理。无线自动测试实验记录见表 5-1。

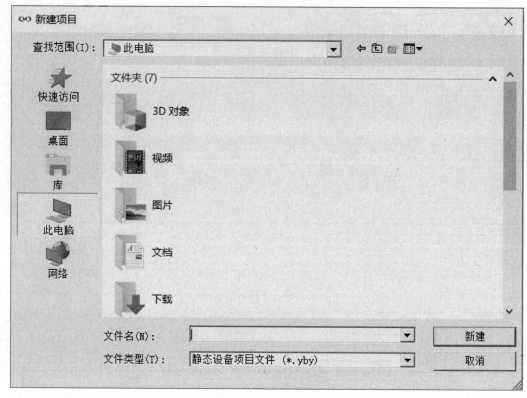

图 5-10 项目文件存储设置

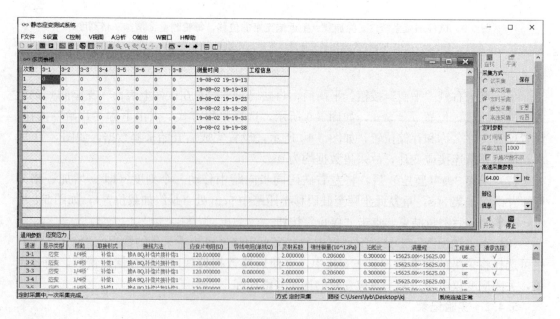

图 5-11 数据"采集中"界面

无限自动测试系统试验记录表　　　　表 5-1

实验名称				仪器设备名称			
实验日期				仪器设备编号			

加载点		1	2	3	4	5	6	7
跨中弯矩								
理论应力								
采集的应变值	第一次							
	第二次							
	第三次							
	……							
平均值								

弯矩-应变曲线：　　　　　　　　　　弹性模量：

本次无线自动测试系统实验的感受和建议：

实验者：　　　　　　　计算者：　　　　　　　校核者：

5.5　实验成果整理

1. 计算与整理

由材料力学理论公式计算跨中弯矩和测点处应力。对所得测量数据进行处理、取平均等得到应变值。

2. 绘图

以理论计算跨中弯矩为纵坐标，本次测量应变为横坐标，绘制弯矩-应变曲线，得到其弹性模量。

5.6　实验注意事项

1）M3812 无线静态应变仪使用注意事项：

（1）为了便于调节平衡，工作片和补偿片应尽可能选用一致，工作片和补偿片的连接导线也应分别相同；

（2）如果导线电阻太大，将造成测量误差，应在软件中输入导线电阻值，进行修正；

（3）补偿片应和工作片贴在相同的试件上，并保持相同的温度；避免阳光直射和空气剧烈流动造成测量不稳定；

（4）补偿片和工作片对地的绝缘电阻应不小于 100 MΩ，否则将可能引起漂移；

（5）仪器应尽可能远离强磁场，尽可能用双绞线连接应变片。

2）测量数据文件应采用统一格式存储，以免混淆。

第 6 章

深基坑施工监测模拟实验

本章课前导读

学习内容：

(1) 深基坑施工监测模拟实验系统的基本组成及工作原理；
(2) 模型实验箱、传感器、数据采集系统及附属设备的安装及使用方法；
(3) 深基坑施工监测模拟实验的操作步骤与数据记录存储；
(4) 深基坑监测模拟实验数据处理与结果分析方法，以及实验注意事项。

学习目标：

(1) 能够描述深基坑施工监测模拟实验系统的基本组成和功能；
(2) 能够介绍深基坑施工监测模拟实验系统的基本原理和主要操作过程；
(3) 能够运用系统软件及理论计算方法处理模拟实验数据，能够运用线性回归等统计分析方法进行数据分析，并能够绘制相关监测模拟实验结果曲线，以及能够描述实际应用中如何根据得到的监测结果曲线对深基坑施工进行分析。

6.1 概　　述

模型试验（或称为模拟试验）是根据相似理论的原则按一定的几何、物理关系在室内用相似材料或原型材料做成物理模型，用该模型代替原型进行试验研究，并可以将试验研究结果应用于原型的物理试验方法。一般来讲，模型试验方法用于岩土工程领域的研究具有如下一些优点：

（1）可以严格控制试验对象的主要参数，使其不受外界自然环境的影响，比如实验室内试验土样的含水率、初始孔隙比等物理性质指标可以避免受到外界自然条件及其变化的影响；

（2）可以突出主要因素而略去次要因素，同时便于改变因素和进行重复试验，有利于研究单个因素以及不同的因素综合对研究对象产生的影响；

（3）与原型试验相比，可以大大节省人力、物力和时间等成本，同时也可以明显缩短试验研究周期；

（4）可以避免进行原型试验时通常会遇到如何准确、有效埋设量测仪器的问题（尤其在原位地基中进行现场试验），在室内制样过程中就可以对各种量测仪器进行合理布设。

目前模型试验包括 1g 的模型试验和 ng 的模型试验，其中 1g 的模型试验又分为小比尺试验（即缩尺试验）和足尺试验，ng 的模型试验当中主要分土工离心机试验和渗水力模型试验。足尺试验由于采用与原型相同的几何尺度和相同的重力场条件进行模拟试验，试验结果的可信度高，可直接用于指导实际工程的设计和施工，也可以比较准确地揭示土工现象的某些内部作用机制。但该试验方法往往投资较大，试验周期也较长。土工离心机试验和渗水力模型试验都是在相当于 ng 的重力场条件下进行模拟试验，同时几何尺寸也缩小为原型的 $1/n$ 倍。该试验方法由于可以避免在通常重力场下由于缩尺而导致重力场损失，尤其是土工离心机试验在岩土工程中得到广泛应用。但是很难实现在高速运转的土工离心机中安置一个模型冲击轮并使其在模型箱表面进行多遍滚动，不仅费用高，也使得模型试验过程变得异常复杂。

深基坑施工监测模拟实验主要是在实验室中对工程实践当中的深基坑施工和监测过程进行模拟，以展示深基坑工程的受力特征、设计原理和施工技术。通过深基坑施工监测模拟实验，可以了解地下结构工程测试与监测的中土压力盒、应变片、位移传感器等主要传感器的原理、使用和监测设计，并提高实际工程测试与监测的管理和实施能力，以及对工程技术的综合理解能力，以便指导将来的工程实践。

6.2　实验仪器设备及原理

6.2.1　仪器设备

1. 基坑模型实验箱

1个。

2. 传感器

（1）电阻应变片若干；

（2）YHD-50 型位移传感器 2 个；

（3）BX-1 型土压力传感器 6 个。

3. 数据采集系统

（1）电脑主机 1 台；

（2）数据采集软件：①DataTaker 的 DeTransfer 3.21 软件；②US232B Driver（DataTaker USB 接口驱动）；③DataTaker DT515 数据采集仪 1 台；④CEM 扩展板 2 台。

4. 附属设备

（1）铲子 2 把；

（2）万用表 1 块；

（3）磁性表座 2 个。

6.2.2 实验原理

先在基坑模型实验箱内设置地下连续墙，埋设好监测元件，然后铺填好土层；设置支撑，埋设好支撑上的监测元件，安装好监测地下连续墙墙顶位移的位移传感器，按基坑施工顺序开挖和设置支撑，并对支护体系的受力和变形进行实时监测，见图 6-1。监测内容及方法如下：

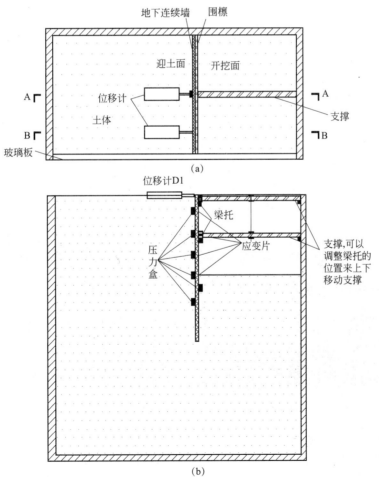

图 6-1 模拟系统示意图（一）

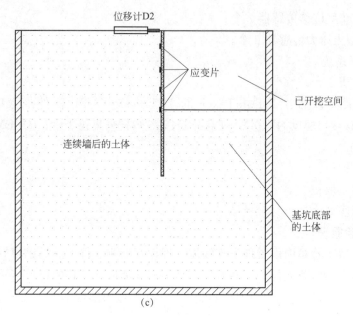

图 6-1　模拟系统示意图（二）

（a）俯视图；（b）A-A 剖面；（c）B-B 剖面

1. 地下连续墙弯矩监测

（1）采用应变片，在地下连续墙上不同深度的两侧粘贴应变片，根据地下连续墙两侧应变的差值，用纯弯构件计算理论可以计算地下连续墙所受到的弯矩。

（2）监测点的竖向位置方面应考虑如下因素：计算的最大弯矩和反弯点所在位置、各土层的分界面、结构变截面或配筋率改变的截面位置，以及结构内支撑和拉锚所在位置，见图 6-2。

2. 墙顶水平位移监测

采用位移传感器，用磁性表座安装位移传感器监测墙顶水平位移。位移传感器安装在两根支撑的中间，见图 6-3，也可以用激光位移传感器。

图 6-2　应变片的粘贴及防护

图 6-3　位移传感器的固定

3. 支撑轴力及弯矩监测

测点布置在最危险截面处（跨中），在支撑截面两侧粘贴应变片，见图 6-2。用应变测试结果根据胡克定律可以计算支撑轴力，根据支撑两侧应变的差值，用压弯构件计算理论可以计算支撑所受到的弯矩。

4. 土压力监测

采用 BX-1 型电阻式土压力盒，埋设位置与监测地下连续墙弯矩的应变片粘贴位置一致，见图 6-4。

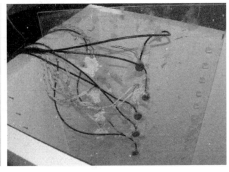

图 6-4 电阻应变式微型压力盒及布设

5. 数据采集

采用 DataTaker 数据采集系统，分别对测试仪器输出的频率和电流信号进行采集。该基坑模型测试点较多，需要的数据采集通道最多达 26 个，1 台 DataTaker 数据采集仪只有 10 个通道，利用 2 台 CEM 扩展模块，将采集通道扩展 30 个进行数据采集。

6.3 实验准备工作

6.3.1 监测元件的安装

(1) 首先使用万用表检验各个电阻应变片的电阻是否为 $120\pm1\Omega$，发现损坏或误差过大的应变片应及时的更换，除去表层的防水胶，将应变片用砂纸打磨掉，用酒精或丙酮擦拭干净后重新粘贴应变片，并做好防潮措施。

(2) 地下连续墙（有机玻璃板）按设计的位置放置，距离模型箱一端的内侧为 40cm（开挖侧的宽度）。地下连续墙就位时要求其保持竖直，并注意不要使仪器的引出线受过大的拉力，以防损坏测试仪器。

(3) 在主机上安装 US232B Driver（DataTakerUSB 接口驱动），然后安装 DeTransfer 3.21 数据采集软件。

(4) 将两个磁性表座分别吸在模型箱的铁片上，位移传感器 D1 在土层顶面上水平放置，并顶在连续墙中间位置，位移传感器 D2 在土层顶面上水平放置，并顶在距连续墙边缘 12cm 处。

6.3.2 测点编号

(1) 土压力测点：挡土面压力盒至上往下为 P1、P2、P3、P4、P5，背土面压力盒 P6，见图 6-5；

(2) 连续墙内力测点：挡土面中间应变片至上往下为 W1、W2、W3、W4，边上一排应变片至上往下为 W5、W6、W7、W8，其中 W1、W3、W4 在背土面，W2、W5、W6、W7、W8 在挡土面，见图 6-5；

（3）墙顶位移测点：D1（中）、D2（边），见图6-5；

（4）支撑测点：第一道撑Z1、Z2，第二道撑Z3、Z4，见图6-5；

（5）仪器接出线上号码管的编号按照阿拉伯数字进行编号见表6-1和表6-2。

压力盒及位移传感器编号对应表　　　　表6-1

仪器	压力盒						位移传感器	
测点编号	D1	D2	D3	D4	D5	D6	D1	D2
接出线编号	1	2	3	4	5	6	19	20

应变片编号对应表　　　　表6-2

仪器	应变片											
测点编号	W1	W2	W3	W4	W5	W6	W7	W8	Z1	Z2	Z3	Z4
接出线编号	7	8	9	10	11	12	13	14	15	16	17	18

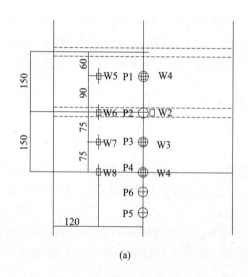
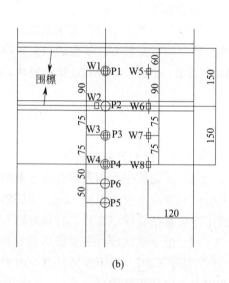

(a)　　　　　　　　　　　　　　　　(b)

图6-5　连续墙测点编号图

(a) 迎土面图；(b) 开挖面

6.3.3　接线

（1）将6只压力盒接在Data Taker的1～6号通道上。压力盒有四根引出线，分别为红、黄、蓝、绿，与采集器对应接法为：红对应"＊"，蓝对应"＋"，绿对应"－"，黄对应"R"；

（2）将接出线编号为7～14的导线接到Data Taker的7～10通道及CEM扩展板的1～4通道的"＋""－"端；

（3）用短导线将"＊"与"＋"连接起来，将1Q线接到7通道的"R""－"端，将7通道的"＋"与8通道的"＋"连接，将8通道的"＋"与9通道的"＋"连接，依次进行连接到CEM扩展板的4通道的"＋"端。

（4）将 7 通道的"R"与 8 通道的"R"连接，将 8 通道的"R"与 9 通道的"R"连接，依次进行连接到 CEM 扩展板的 4 通道的"R"端。

（5）将接出线编号为 15～18 的接线端分别接到 CEM 扩展板的 5～8 通道的"＋""－"端。

（6）用短导线将"＊"与"＋"连接起来，将 2Q 线接到 CEM 扩展板的 5 通道的"R""－"端，将 5 通道的"＋"与 6 通道的"＋"连接，依次进行连接到 CEM 扩展板的 8 通道的"＋"端。

（7）将 5 通道的"R"与 8 通道的"R"连接，将 6 通道的"R"与 7 通道的"R"连接，依次进行连接到 CEM 扩展板的 8 通道的"R"端。

（8）位移传感器接出线有红蓝黑三根，两个位移传感器接出线编号分别为 19、20，将接出线的红、蓝、黑分别接到 CEM 扩展板的 9、10 通道的"＋""－""R"端，同时用导线将"＊"与"＋"短接。

电阻式微型压力盒采用全桥接入的方法，压力盒内部桥路接法温度自动补偿，压力盒接出线编号为 1～6，接法如（1）所述；支撑和地下连续墙上的应变片都采用半桥接法，有机玻璃板上共 8 个测点用来监测连续墙的受力及变形情况，编号如表 6-2 所示，分别从 7～14，Q1 为其补偿片，接法如（2）～（3）所述，两道支撑上共有 4 个测点，用来检测支撑的轴力及弯矩，接出线编号为 15～18，Q2 为其补偿片，接法如（6）～（7）所述；位移传感器接出线编号为 19、20，接法如（8）所述。

6.4　实验操作与记录

6.4.1　操作步骤

基坑开挖中主要分为六个工况，包括：

（1）初始工况；

（2）开挖到第一道支撑位置；

（3）第一道支撑设置完毕；

（4）开挖到第二道支撑位置；

（5）第二道支撑设置完毕；

（6）开挖到基坑底部。

首先将土体平整，然后用铲子对土体进行开挖，开挖过程与数据采集过程相结合，在开挖的过程中，每个工况之间停两分钟，使采集的数据稳定后再进行下一工况，具体过程如下：

（1）在计算机中安装 US232B Driver（Data TakerUSB 接口驱动），然后安装 De-Transfer 3.21 数据采集软件，见图 6-6。

（2）将 Data Taker 的 USB 线接到主机，查看设备管理器，弄清 USB 是接入到主机的哪一个 COM 接口，假定为 COM3。

（3）从开始菜单中启动 DeTransfer3.21，左键单击"Active Connection"下拉菜单中的"DT500 Auto"，如图 6-7 所示。

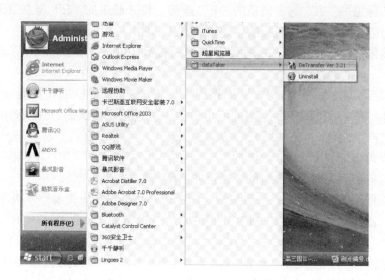

图 6-6　数据采集软件安装完成界面

（4）左键单击"Connections"下拉菜单中"properties"，会弹出图 6-8 所示的对话框，选择"direct to COM3"，点击"OK"。

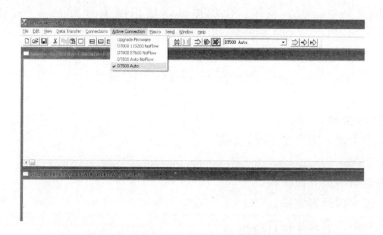

图 6-7　"DT500 Auto"所在位置界面

（5）单击"Connections"下拉菜单中"connect"。

（6）如图 6-9 所示，在命令输入区域中输入以下命令：

TEST 回车键

RESET 回车键

RA15S 1..10BGI 1：1..8BGI 回车键

/c/u/n/T/D 回车键

数据采集系统就可以开始采集数据，主机中输入命令"1 回车"。

注："RA15S"表示实验时的数据采样时间间隔为 15s，可根据实际情况设置所需要的数据采样时间间隔。

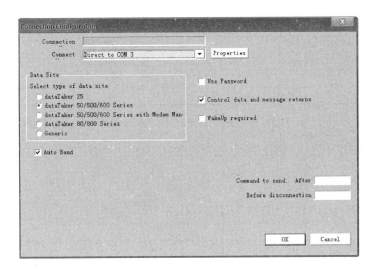

图 6-8　COM 接口设置对话框

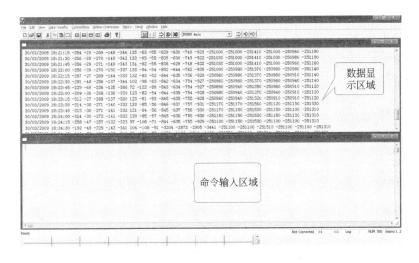

图 6-9　命令输入窗口界面

（7）支第一道支撑，稳定两分钟，在主机中输入命令"2 回车"。

（8）开挖到第二道支撑位置时，在支第二道支撑前，稳定两分钟，并在主机中输入命令"3 回车"，然后支第二道支撑，稳定两分钟，并在主机中输入命令"4 回车"。

（9）开挖到基坑坑底时，稳定两分钟，实验结束，输入命令"H 回车"。

（10）将鼠标点到数据输出区域，点击保存，数据保存的格式是"dxd"格式，文件可以用"txt"和"Excel"打开进行数据处理。

注：在数据开始采集后，输入的命令 1、2、3、4 在这里没有具体的意思，只是为了隔开各个工况的数据，处理数据是比较方便提取数据。

6.4.2　实验记录

将每个工况稳定的数据提取出来，填入记录表中。深基坑施工和监测模型实验记录见表 6-3。

深基坑施工和监测模型实验记录表 　　　　表 6-3

实验名称				仪器设备名称					
实验日期				仪器设备编号					
工况	P1			P2			P3		
	读数	差值	累计值	读数	差值	累计值	读数	差值	累计值
初始读数									
支第一道支撑									
开挖到 15cm									
支第二道支撑									
开挖到 30cm									
	P4			P5			P6		
初始读数									
支第一道支撑									
开挖到 15cm									
支第二道支撑									
开挖到 30cm									
	W1			W2			W2		
初始读数									
支第一道支撑									
开挖到 15cm									
支第二道支撑									
开挖到 30cm									
	W4			W5			W6		
初始读数									
支第一道支撑									
开挖到 15cm									
支第二道支撑									
开挖到 30cm									
	W7			W8			Z1		
初始读数									
支第一道支撑									
开挖到 15cm									
支第二道支撑									
开挖到 30cm									
	Z2			Z3			Z4		
初始读数									
支第一道支撑									
开挖到 15cm									
支第二道支撑									
开挖到 30cm									
	D1			D2					
初始读数									
支第一道支撑									
开挖到 15cm									
支第二道支撑									
开挖到 30cm									

实验者：　　　　　计算者：　　　　　校核者：

6.5　实验成果整理

1. 计算

1）作用在地下连续墙上土压力

BX-1 型土压力盒出厂数据如表 6-4 所示。

出厂资料表　　　　　　　　　　　　　表 6-4

测点编号	P1	P2	P3	P4	P5	P6
出厂编号	801001	801002	801003	801004	801005	801006
K 系数 （×10^{-4}）	1.94174	1.87265	1.81488	1.88679	1.89753	1.92678

将 dataTaker ppm 电桥读数转换为应变的公式如下：

$$\varepsilon = k B_{\text{out}} \tag{6-1}$$

式中　ε——应变（$\mu\varepsilon$）；

　　　k——无量纲系数，$k = 4/(NG)$；

　　B_{out}——电桥通道结果；

　　　G——应变片因子，$G = 2.08$；

　　　N——电桥中应变片个数，$N = 2$。

将应变转换为土压力的公式如下：

$$P = K\varepsilon \tag{6-2}$$

式中　P——土压力（MPa）；

　　　ε——应变（$\mu\varepsilon$）；

　　　K——系数。

将实验中采集的数据与初始数据的差代入上式中的 B_{out}，即可计算得到基坑工程中某时刻的土压力值，及开挖过程中各测点土压力的变化。

2）连续墙内力

利用式(6-1)将 DataTaker ppm 电桥读数转换为应变，将应变转换为应力及弯矩的公式如下：

$$\sigma = E\varepsilon \tag{6-3}$$

$$M = \frac{1}{3}\sigma h^2 \tag{6-4}$$

式中　σ——测点应力；

　　　E——材料弹性模量，地下连续墙取 $E = 2000$MPa；

　　　M——连续墙弯矩；

　　　h——连续墙厚度（0.005m）。

3）支撑内力

支撑测点的数据处理与地下连续墙测点相同。支撑的材料 $E = 1300$MPa，截面尺寸为 470mm×23mm×13mm，截面净面积 A 为 72mm^2。

轴力 N 可通过 $N = A\sigma$，计算出支撑的轴力，同时可以通过测得支撑同一断面上下表面的应力可以推出支撑的偏心轴力所引起的弯矩。

4）连续墙墙顶位移

HYD型位移传感器基本工作原理是采用一般静、动态电阻应变仪常用的应变电桥原理。将DataTaker ppm电桥读数转换为位移公式如下：

$$D_i = \frac{1}{42} B_{\text{out}} \tag{6-5}$$

式中　D_i——位移值；

　　B_{out}——DataTaker电桥通道结果。

2. 结果分析

（1）对比在开挖过程中，实验测得的土压力、连续墙内力、支撑轴力的变化趋势与实际工程中的变化趋势的差异；

（2）分析开挖过程中土压力和支撑轴力与连续墙内力的变化关系；

（3）通过墙顶位移和地下连续墙的内力情况推出连续墙的竖向变形曲线；

（4）在土体上施加超载，并研究其对支护结构的影响。

6.6　实验注意事项

（1）有机玻璃板放置的竖直面与模型箱边缘的间距为40cm，在放置的过程中，有机玻璃板很可能会出现弯曲，导致间距过小，支撑无法放置，或需用力压到预定位置，造成数据的跳跃，为了避免这种情况，有机玻璃板放置的间距可以略大2~3mm，可在支撑端头加楔形垫板，使支撑受力。

（2）开挖过程中尽量避免铲子与有机玻璃板和支撑的碰撞，减少数据的波动。

（3）仪器接线比较多，开挖过程前应将线理好，开挖中应避免接出线的拖拽。

第 7 章

隧道地质雷达探测实验

本章课前导读

学习内容：

（1）地质雷达探测系统的基本组成及工作原理；

（2）地质雷达的使用方法，天线及测距轮的基本安装方法，以及利用地质雷达探测隧道掌子面前方地质体、隧道衬砌结构的操作步骤及数据记录与存储；

（3）地质雷达探测结果的分析方法；

（4）地质雷达探测过程中的注意事项。

学习目标：

（1）能够描述地质雷达探测系统的基本组成和功能；

（2）能够介绍地质雷达探测系统的工作原理和主要操作过程；

（3）能够运用地质雷达主机自带的数据分析软件或 Reflexw 等软件处理地质雷达探测实验数据，能够运用现有经验分析方法进行数据分析，并能够结合实际工程对地质雷达探测结果进行初步判释。

7.1 概　　述

在隧道开挖、煤矿生产及地面工程建设中经常遇到复杂的地质异常情况，尤其是穿过软弱破碎带、岩溶区，或者煤与瓦斯突出的危险区域，若事先未能探测清楚，往往会造成塌方、涌水或煤与瓦斯突出等事故，影响安全生产。隧道地质探测主要用于查明隧道掌子面前方一定范围内的地质构造软弱带问题（如断裂、溶洞、破碎带等性质、规模、位置及产状等）、含水体问题（如含水断层、含水溶洞、含水松散体等的位置、规模、水压等）和围岩级别及其稳定性，同时还可用于探测隧道衬砌厚度及裂缝、脱空等缺陷。

通过隧道地质雷达探测实验，可以了解地质雷达的基本构造和工作原理，加深对隧道地质探测基本方法的理解，以及熟悉地质雷达探测的基本操作过程与数据处理方法。

7.2 实验仪器设备及原理

7.2.1 仪器设备

1. 地质雷达主机

地质雷达主机（图7-1a）是整个雷达系统的控制单元，通过计算机发出具体探测指令，控制发射天线和接收天线，以实现探测目的。

2. 屏蔽天线

屏蔽天线通过电缆与雷达主机连接，其中发射天线根据雷达主机的指令，将一定频率的电信号转换为电磁波信号，向被探测介质前方传播，而接收天线将接收到的反射电磁波信号转换成电信号，并数字信息方式进行存储。天线的常用频率有100MHz、400MHz及900MHz（图7-1），天线的技术参数与应用领域如表7-1所示。

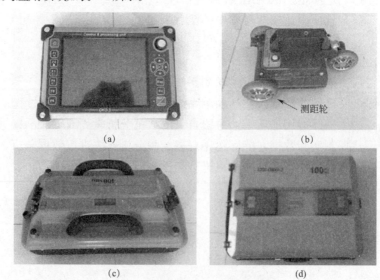

图 7-1　地质雷达主机及天线

（a）地质雷达主机；（b）900M屏蔽天线；（c）400M屏蔽天线；（d）100M屏蔽天线

3. 测距轮

测距轮（图 7-1b）与天线直接连接或与天线构成整体，用于实时读取天线移动的距离，可结合打标的实际距离确定雷达探测具体里程位置。

天线的技术参数及应用领域 表 7-1

天线主频(MHz)	脉宽(ns)	探测深度范围(m)	参考探测深度(m)	应用领域
900	1	0.5～1	0.7	混凝土结构、桥梁钢筋及隧道衬砌结构探测
400	2.5	1～5	3	管线工程、隧道工程探测
100	10	4～25	8	环境、地质及水文探测

7.2.2 实验原理

地质雷达工作时，向地下介质发射一定强度的高频电磁脉冲（几十兆赫兹至上千兆赫兹），电磁脉冲遇到不同电性介质的分界面时即产生反射或散射，地质雷达接收并记录这些信号，再通过进一步的信号处理和解释即可了解地下介质的情况，见图 7-2。

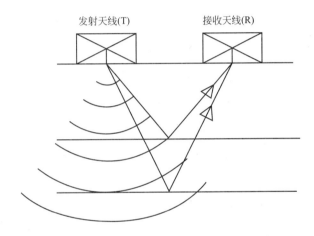

图 7-2 地质雷达的工作原理示意图

相对于地质雷达所用的高频电磁脉冲而言，通常工程勘探和检测中所遇到的介质都是以位移电流为主的低损耗介质。在这类介质中，反射系数和波速主要取决于介电常数，如式（7-1）和式（7-2）所示。

$$\gamma = \frac{\sqrt{\varepsilon_1} - \sqrt{\varepsilon_2}}{\sqrt{\varepsilon_1} + \sqrt{\varepsilon_2}} \qquad (7\text{-}1)$$

$$v = \frac{c}{\sqrt{\varepsilon}} \qquad (7\text{-}2)$$

式中　　　　γ——反射系数；

v——电磁波的速度，常见介质的电磁波速度见表 7-2；

ε——相对介电常数，常见介质的相对介电常数见表 7-2；

c——光速；

下角标"1、2"——分别表示上、下介质。

当电磁波由空气进入二衬的混凝土层时，会出现强反射；同样，当电磁波由二衬传播至初衬，继而由初衬传播到岩层时，如果交界处贴合不好，或存在空隙，亦会导致雷达剖面相位和幅度发生变化，由此可确定衬砌厚度和发现施工缺陷。

另外，介质介电常数的差异决定了电磁波反射的强弱程度和其相位的正负。岩石岩性、风化程度及其含水量等的变化将影响其介电常数，电磁波反射的频率、振幅、相位也将发生变化，由此可以推断掌子面前方一定范围的地质情况。

常见介质的相对介电常数及电磁波速度   表 7-2

常见介质	相对介电常数 ε	电磁波速度 ν（m/ns）
水	81	0.033
空气	1	0.3
雪（湿）	4～12	0.09～0.15
石灰岩	7（6）	0.11（0.12）
土壤（干）	4（3～5）	0.15（0.13～0.18）
土壤（含水率20%）	10（4～40）	0.095（0.05～0.15）
冰	3.2	0.17
铜或铁	1	—

7.3 实验操作与记录

7.3.1 操作步骤

1. 地质雷达探测隧道掌子面前方地质体

（1）实验当中，假定墙面为隧道掌子面，按"一"字形布置雷达测线，测点间距取 20cm。

（2）将雷达主机和 100MHz 屏蔽天线连接，然后启动主机，进行参数和数据保存路径设置，使主机进入采集状态。

（3）按照布置好的测线和测点移动天线，到达测点后进行数据采集，并在完成探测时保存数据。

（4）实验完成后，可通过 U 盘拷贝实验数据，并关闭雷达主机。

2. 地质雷达探测隧道衬砌结构

（1）实验当中，假定校园道路或操场隧道衬砌结构，作为探测实验对象，按"一"字形布置雷达测线，每隔 5m 作一里程标志。

（2）将雷达主机和 400MHz 或其他屏蔽天线连接，并将天线与测距轮连接，然后启动主机，进行参数和数据保存路径设置，使主机进入采集状态。

（3）按照布置好的测线移动天线，当天线对齐某一标记时，由仪器操作员向仪器输入信号，在雷达记录中对该点作一小标记。采用距离触发探测方式，并在完成数据采集时保存数据。

（4）实验完成后，可通过 U 盘拷贝实验数据，并关闭雷达主机。

7.3.2 实验记录

地质雷达图形通常以脉冲反射波的波形形式记录。波形的正负峰分别以黑色和白色表示，或以灰阶或彩色表示。同相轴或等灰度、等色线，即可形象地表征出被测对象的反射界面。在波形记录上，各测点均以测线的铅垂方向记录波形，构成地质雷达剖面。

隧道地质雷达探测实验记录见表 7-3。

隧道地质雷达探测实验记录表　　　　　　　　　　表 7-3

序号	探测对象类型	测量值	测线号	测线位置	标记		
					起点	间隔	终点

实验者：　　　　　　　　　　　　计算者：　　　　　　　　　　　　校核者：

7.4　实验成果整理

1. 成果整理一般程序

（1）采用雷达主机自带的数据分析软件或 Reflexw 等软件，对采集的实验数据进行分析处理，诸如编辑、滤波、增益、褶积、道分析、速度分析和消除背景干扰等，求得时间剖面。

（2）在时间剖面中应标出探测对象的反射波组、反射体的形态和规模、钻孔验证的位置和深度。

（3）解释确定反射体的位置、形态，推断其充填情况。

（4）最后，提交测线布置图、现场数据记录表、时间剖面、波形剖面以及解释参数和解释结果。

2. 结果解释示例

（1）正常情况（图 7-3）：主要表现为同相轴连续性较好，图像上看不出明显的异常反映，二衬、初衬及围岩之间的分界面较清晰。

（2）出现虚假异常情况（图 7-4）：主要表现为同相轴连续性中断，从上至下雷达波形同步错乱。这种异常一般是因为隧道洞壁上的配电箱、消防设备洞、电源电缆或伸缩缝等引起的反映，该类异常不作为判断衬砌层内部质量的依据。

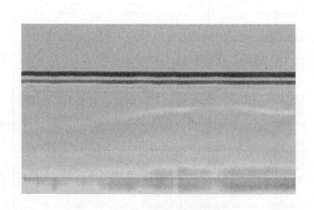
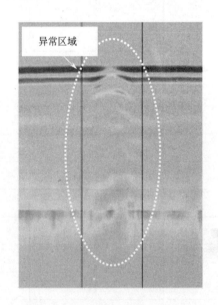

图 7-3　正常情况下雷达
探测数据处理后的图像

图 7-4　虚假异常情况下雷达
探测数据处理后的图像

（3）出现脱空异常情况（图 7-5）：主要表现为同相轴连续性中断，从上至下雷达波形同步错乱。这种异常一般反映出衬砌层内部出现防水板脱空或混凝土不密实现象。

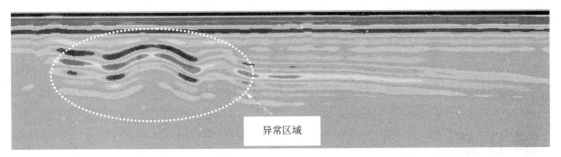

图 7-5　脱空异常情况下雷达探测数据处理后的图像

7.5　实验注意事项

（1）实验场地内不应有较强的电磁波干扰，测试时应清除或避开测线附近的金属等电磁干扰物；当不能清除或避开时应在记录中注明，并标出位置。

（2）支撑天线的器材应选用绝缘材料，移动雷达天线的人员应与天线保持相对固定的位置。

（3）雷达天线在测线上经过的表面应相对平整，无障碍，且方便天线移动。

（4）重点异常区应重复观测，重复性较差时应查明原因。

第8章

超声波测试实验

本章课前导读

学习内容：

（1）超声波检测仪的基本组成及工作原理；

（2）超声波检测仪的使用方法，以及利用超声波检测仪进行声波透射法测试、垂直反射法测试的操作步骤及数据记录与存储；

（3）超声波检测结果的分析方法；

（4）超声波检测过程中的注意事项。

学习目标：

（1）能够描述超声波检测仪的基本组成和功能；

（2）能够介绍超声波检测混凝土结构缺陷及岩体结构特征的工作原理和主要操作过程；

（3）能够运用超声波检测仪自带的数据分析软件或其他相关软件处理超声波检测实验数据，能够运用规范中的分析计算方法进行数据处理，并能够绘制相关检测结果曲线，以及能够结合实际工程对超声波检测结果进行初步分析。

8.1　概　　述

超声波是一种振动频率超过 20kHz 的机械波，而超声波检测中采用的频率范围一般为 0.5～25MHz。超声波具有如下一些特征：

（1）在气体介质中衰减很快，但在液体和固体介质中衰减慢，可以长距离传播；

（2）超声波能量在传播过程中具有明确的方向性；

（3）超声波在同一介质中传播时速度不变；

（4）超声波传播过程中穿过不同材料界面时，可能会改变其振动模式。

超声波测试应用广泛，常常用于检测混凝土内部空洞和不密实区的位置和范围、混凝土的裂缝深度、混凝土表面损伤层厚度、不同时间浇筑的混凝土结合面质量以及灌注桩和钢管混凝土中的缺陷。此外，由于岩体中往往包含有各种层面、节理和裂隙等结构面，直接影响岩体中声波的传播过程，因此工程岩体研究中利用超声波测试获得岩体弹性波的波动特征，来反映岩体的结构特征。

通过超声波测试实验，可以了解超声波检测仪的基本构造和功能，掌握超声波检测仪的基本操作方法，熟悉用超声波检测仪检测混凝土结构缺陷及岩体结构特征的方法。

8.2　实验仪器设备及原理

8.2.1　仪器设备

1. 超声波检测仪

（1）检测仪主机。目前用于混凝土的超声波检测仪主要分为两类：模拟式和数字式。模拟式检测仪的接收信号为连续模拟量，可由时域波形信号测读声学参数；数字式检测仪将接收信号转化为离散数字量，通常具有采集、储存数字信号，测读声学参数及对数字信号处理的智能化功能。

（2）换能器（图 8-1）。换能器是一种实现电信号和机械振动信号相互转换的能量转换装置，包括夹心式纵波平面换能器和双发双收跨孔径向换能器。

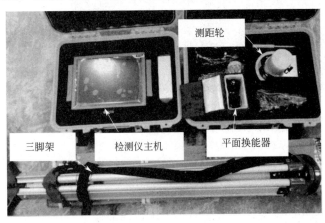

图 8-1　超声波检测仪实物图

2. 附属设备

（1）三脚架（图 8-1）。其用于支撑测距轮，并调节测距轮的高度。

（2）有缺陷的混凝土结构模型（图 8-2）。模型长宽高为 700mm×700mm×1200mm，在模型下部距离底面 200mm 和 400mm 的位置，分别设置一条长宽为 300mm×141mm、厚度为 5～10mm 以及倾角为 45°的缺陷（为泡沫材料）。

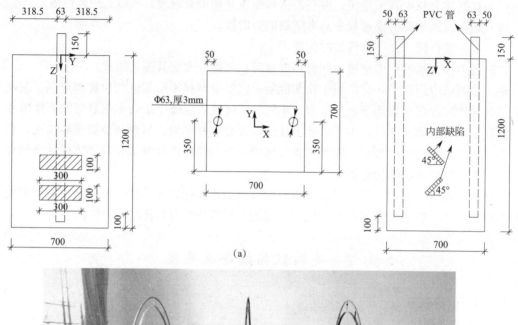

(a)

(b)

图 8-2　有缺陷的混凝土结构模型

(a) 结构示意图；(b) 实物图

8.2.2　实验原理

1. 混凝土缺陷超声检测

超声波检测仪主要利用脉冲波在相同技术条件下的混凝土中传播的速度、接收波的振幅和频率等声学参数的相对变化，来判定混凝土的缺陷。假设混凝土中有一处缺陷，用超声法检测时，由于正常混凝土是连续体，超声波在其中正常传播。当换能器正对着缺陷时，由于混凝土连续性中断，缺陷区与混凝土之间出现分界面，超声波传播在界面上发生反射、散射与绕射，使声学参数发生变化。具体如下：

（1）当超声波直接穿过缺陷，由于缺陷速度较混凝土低，在同样测距下传播时间要长，而绕过缺陷的传播路径比直线传播的路径长。由于在计算测点声速时，总是以换能器间的直线距离作为传播距离，因此有缺陷处的计算声速就将减小。

（2）由于缺陷对声波的反射或吸收比正常混凝土大，所以当超声波通过缺陷后，衰减比正常混凝土大，即接收的振幅将减少（该参数只能在同一仪器设备和测距情况下作相对比较）。

（3）不同质量的混凝土对超声波中高频分量的吸收、衰减不同。因此，当超声波通过不同质量的混凝土后，接收波的频谱也不同。有内部缺陷的混凝土，其接收波中高频分量相对减少而低频分量相对增大，接收波的主频率值下降（频率值也只能在同一仪器设备和测距情况下作相对比较）。

（4）当超声波通过混凝土内部缺陷时，由于混凝土的连续性已被破坏，使超声波的传播路径复杂化，直达波、绕射波等各类波相继到达接收换能器。它们各有不同的频率和相位。这些波的叠加有时会造成波形的畸变。波形只是半定性的参数，仅作为判断缺陷的参考。

不同形式的混凝土缺陷可选用不同的检测方法，其中声波透射法常用于钻孔灌注桩的桩身质量检测，而对测法常用于混凝土结构不密实及空洞缺陷的检测。声波透射法是在钻孔灌注桩内预埋若干根平行于桩纵轴的声测管，将超声探头通过声测管直接伸入桩身混凝土内部进行逐点、逐段探测。其基本原理是根据声波脉冲波穿越被测混凝土时，声学参数（声时、声速、频率、能量及波形等）的变化反映缺陷的存在，通过分析这些声学参数的变化来评判桩身的完整性。对测法是在混凝土构件相互平行的测试面布置等间距的网格测点，将发射和接收换能器对中放置与各个测点进行逐点探测。其基本原理与声波透射法相同。

2. 岩体结构超声测试

声波在岩体中的传播速度与岩体的种类、弹性参数、结构面、物理力学参数、应力状态、风化程度和含水量等因素有关，具有如下特征：

（1）弹性模量降低时，岩体声波速度也相应地减小；

（2）岩石越致密，岩体声波越高；

（3）结构面的存在，导致岩体声速降低，并使声波在岩体中传播时存在各向异性；

（4）岩体风化程度大，声速低；

（5）压应力方向上声波速度高；

（6）孔隙率大，声波速度低；

（7）密度高且单轴抗压强度大的岩体，声波波速高。

通过以上测试特征，可以利用超声测试结果实现对岩体结构特征的初步分析判断。

8.3　实验操作与记录

8.3.1　操作步骤

1. 声波透射法测试

（1）先向声测管内注满清水，检查声测管是否畅通，并用钢卷尺测量模型顶部声测管之间的净距离。

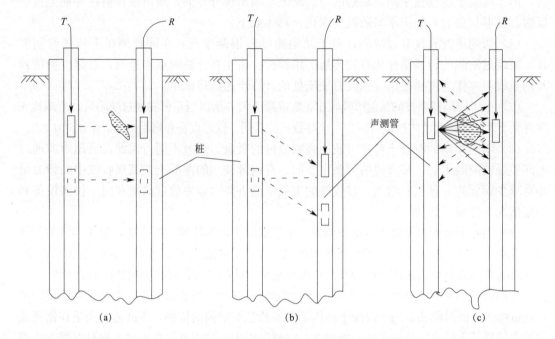

图 8-3 声波透射法操作示意图

（a）平测；（b）斜测；（c）扇形扫测

（2）连接超声波检测仪与换能器（即探头），并启动检测仪主机，检查设备连接是否正常。

（3）将发射换能器（T）和接收换能器（R）分别置于两个声测孔的顶部，以同一高度同步移动，测点间距不宜大于 250mm，可取为 200mm，逐点测读并保存声学参数（如声时、声幅、频率、波形），同时记录换能器所处深度（图 8-3a）。

（4）以两根声测管为一个检测部面进行组合，分别完成所有的检测剖面。

（5）桩身可疑处周围应采用加密测点，或采用斜测法（图 8-3b）、扇形扫测（图 8-3c）进行复测，以确定缺陷的位置与范围。

（6）实验结束后，拷贝出实验数据，并关闭检测仪主机。

2．对测法测试

（1）先在含缺陷的混凝土结构模型相互平行的测试面布置等间距的网格测点，网格间距一般为 100～300mm（图 8-4a）。

（2）将超声波检测仪主机与换能器连接，并启动主机，检查主机与换能器连接正常后，进行相关参数及数据保存路径设置。

（3）测试过程中需在换能器和被测混凝土模型之间涂抹凡士林或牙膏等耦合剂，保证两者之间完全耦合，否则由于空隙的存在，超声波在空气和混凝土界面上几乎全反射，将影响超声波进入混凝土模型中。

（4）按测点的顺序依次进行测试，并记录保存实验数据。测试过程中各测点的 T、R 换能器保持对中（图 8-4b）。

（5）待所有测点均测试结束后，拷贝出实验数据，并关闭主机。

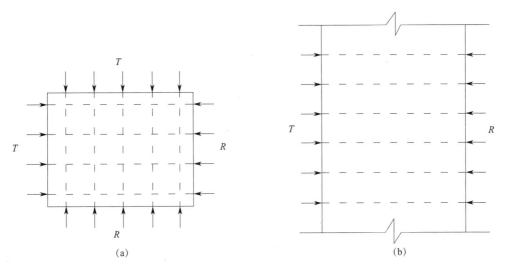

图 8-4　对测法操作示意图

（a）平面图；（b）立面图

3. 岩体超声测试

（1）先在岩体试块表面布置测点，并由刻度尺量取被测试块两侧测点在测试方向上的距离。

（2）将超声波检测仪主机与换能器连接，并启动主机，检查主机与换能器连接正常后，进行相关参数及数据保存路径设置。

（3）将发射换能器和接收换能器分别放置在岩体试块两侧的测点处，相互对中（图 8-5），并在换能器和被测试块之间涂抹凡士林或牙膏等耦合剂，保证两者之间完全耦合。

（4）测试过程中测读并保存声学参数（如声时、声幅、频率、波形），测试结束后，拷贝出实验数据，并关闭主机。

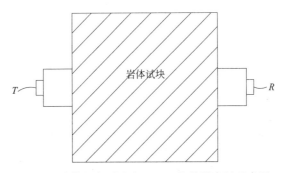

图 8-5　岩体超声测试中 T、R 换能器布置示意图

8.3.2　实验记录

超声波检测混凝土结构缺陷实验记录如表 8-1 所示，岩体超声测试实验记录如表 8-2 所示。

超声检测混凝土结构缺陷实验记录表　　　　　　　　　　表 8-1

实验名称		仪器设备名称	
实验日期		仪器设备编号	
测试部位			

	检 测 条 件	仪器型号：	换能器：
		发射电压：	首波电平：
		测点网络：	测点数：
		测试方法：	测距：
	检 测 结 果	平均声时：	标准差：
		统计个数：	计算系数：
		临界声时：	异常测点：
		最大声时：	衰减值：
	质 量 判 定		

实验者：　　　　　　　　　　计算者：　　　　　　　　　　校核者：

岩体超声测试实验记录表

表 8-2

实验名称		仪器设备名称	
实验日期		仪器设备编号	

1. 岩体声波测试简述

2. 岩体超声测试基本原理

3. 测试方法和过程

4. 测试结果与分析

　　(1) 试件编号:_____ 试件类型(　　　　) 测试距离 _____ cm;波速 _____ /s

　　　　试件编号:_____ 试件类型(　　　　) 测试距离 _____ cm;波速 _____ /s

　　　　试件编号:_____ 试件类型(　　　　) 测试距离 _____ cm;波速 _____ /s

　　(2) 同种试块受损伤与未受损伤的检测

　　　　试件编号:_____ 试件类型(　　　　) X 向测试距离 _____ cm;波速 _____ /s

　　　　　　　　　　　　　　　　　　　　Y 向测试距离 _____ cm;波速 _____ /s

　　(3) 分析:

实验者:	计算者:	校核者:

8.4 实验成果整理

1. 混凝土结构缺陷超声检测数据处理

1）声学参数计算

缺陷混凝土模型的声时（t_{ci}）、声速（v_i）分别按下列公式计算：

$$t_{ci} = t_i - t_{00} \tag{8-1}$$

$$v_i = l_i / t_{ci} \tag{8-2}$$

式中 t_{ci}——声时初读数（μs），按《超声法检测混凝土缺陷技术规程》CECS 21：2000 附录 B 测量；

　　t_i——测点 i 的测读声时值（μs）；

　　t_{00}——预埋管中测试的声时初读值（μs）；

　　v_i——测点 i 的声速（km/s）；

　　l_i——测点 i 处的二根声测管内边缘之间的距离（mm）。

2）声学参数的统计值计算

测位混凝土声学参数的平均值（m_x）和标准差（S_x）应按下式计算：

$$m_x = \sum X_i / n \tag{8-3}$$

$$S_x = \sqrt{(\sum X_i^2 - n \cdot m_x^2)/(n-1)} \tag{8-4}$$

式中　X_i——第 i 点的声学参数测量值；

　　　n——参与统计的测点数。

将同一实验模型的同一剖面的声速按《超声法检测混凝土缺陷技术规程》CECS 21：2000 第 6.3.2 条进行异常值判别。当某一测点的一个或多个声参数被判为异常值时，即为存在缺陷的可疑点。

3）绘制曲线

结合判断方法（概率法），以声速为纵坐标，深度为横坐标，绘制相应声速-深度曲线，见图 8-6。

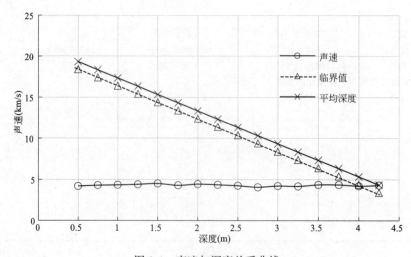

图 8-6 声速与深度关系曲线

2. 岩体超声测试数据处理

根据刻度尺量取的被测岩体试块测点在测试方向上的距离 h，以及超声波检测仪所记录的声波传播时间 t，可由式(8-5)计算声波在岩体试块中的传播速度 v。

$$v = h/t \qquad (8\text{-}5)$$

8.5　实验注意事项

（1）实验过程中需注意校核换能器所处的高度。

（2）实验当中对数据可疑的部位，应进行复测或加密检测。

第 9 章

类岩石材料不均匀冻胀实验

本章课前导读

学习内容：

（1）不均匀冻胀实验系统的基本组成及工作原理；

（2）不均匀冻胀装置的使用方法，静态电阻应变仪及真空泵基本安装方法，以及类岩石材料不均匀冻胀实验的操作步骤、数据记录与存储；

（3）不均匀冻胀实验的成果整理方法；

（4）不均匀冻胀实验过程中的注意事项。

学习目标：

（1）能够描述不均匀冻胀实验系统的基本组成和功能；

（2）能够介绍砂岩或砂浆等类岩石材料不均匀冻胀实验的原理和主要操作过程；

（3）能够运用系统分析软件处理不均匀冻胀实验数据，并能够绘制相关实验结果曲线，以及能够结合实验结果曲线计算岩石不均匀冻胀系数。

9.1　概述

在隧道内冷空气对隧道围岩的冻结过程中，靠近隧道衬砌的围岩温度较低，远离隧道衬砌的围岩温度较高，寒区隧道围岩沿隧道衬砌径向存在一个温度梯度，而沿隧道衬砌环向、轴向的温度梯度可以忽略，因而隧道围岩的冻结模式是沿隧道径向的单向冻结。单向冻结条件下隧道围岩的不均匀冻胀是产生冻胀力的主要原因。

通过开展砂岩或砂浆等类岩石材料的不均匀冻胀实验，可以加深对岩石不均匀冻胀规律的理解，并结合实验结果曲线计算获得岩石不均匀冻胀系数。

9.2　实验仪器设备及原理

9.2.1　仪器设备

1. 不均匀冻胀装置

不均匀冻胀装置主要是提供梯度温度场，使试件在单向冻结条件下产生不均匀冻胀。不均匀冻胀装置由两台恒温控制液浴槽、上下控温板、金属支架以及有机玻璃板组成。不均匀冻胀装置如图 9-1 所示。

图 9-1　不均匀冻胀装置

1) 恒温控制液浴槽（图 9-2）

为准确控制试件的边界温度，采用 XT5704-LT-D31-R50C 高低温恒温液浴槽控制冷端温度，可控制温度范围为 $-50 \sim 90^{\circ}\text{C}$，温度波动为 $\pm 0.05^{\circ}\text{C}$；采用 XT5201-D31-R50HG 低温恒温液浴槽控制暖端温度，设备可控制温度范围为 $-50 \sim 90^{\circ}\text{C}$，温度波动为 $\pm 0.05^{\circ}\text{C}$。

恒温控制液浴槽内存有汽车发动机防冻液，该防冻液冰点温度 -45°C，可满足实验中冷端控温板最低 -20°C 的温度要求。

(a)   (b)

图 9-2　恒温控制液浴液浴槽
(a) XT5704-LT-D31-R50C；(b) XT5201-D31-R50HG

2）控温板

控温板能将恒温设备输出的恒温液所带的冷热量均匀地分布在试件的上下表面，提供稳定的温度边界条件。采用塑胶软管将控温板与恒温冷浴相连，并在控温板内部设置循环管路，使恒温液在通道内循环。控温板如图 9-3 所示。

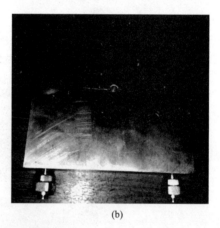

(a)   (b)

图 9-3　控温板
(a) 下端控温板；(b) 上端控温板

3）金属支架

为了固定上下控温板，实验系统中设置了四根螺纹钢筋作为支架。支架上安装有由角钢拼装而成的托板。实验过程中，下端控温板固定在托板上，上端控温板直接安装于试件上表面。

4）有机玻璃板

为减少外界环境温度波动对实验结果的影响，维持试件周围环境温度的稳定，试件四周采用 10mm 厚有机玻璃板作为隔挡，并在顶部加盖一块有机玻璃，形成一封闭环境。

2. 应变仪

实验采用 JM3818 静态电阻应变仪，记录应变片及温度传感器测量的数据。该应变仪有 60 通道，可实现对应变及温度的测量。应变仪如图 9-4 所示。

图 9-4　JM3818 静态电阻应变仪

3. 真空泵

实验采用饱和岩石或类岩石材料试件进行不均匀冻胀实验，在冻结前，采用真空泵（图 9-5）对试件进行饱水。

图 9-5　真空泵

9.2.2　实验原理

实验中通过应变片测量试件垂直于温度梯度的线冻胀率及平行于温度梯度的线冻胀率，通过两个方向的线冻胀率计算得出试件的不均匀冻胀系数。

单向冻结条件下试件产生不均匀冻胀。在不均匀冻胀过程中，垂直于温度梯度的线冻胀率和平行于温度梯度的线冻胀率存在明显区别。不均匀冻胀示意图如图 9-6 所示，不均匀冻胀系数 k 为：

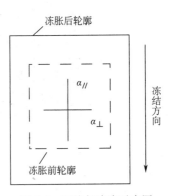

图 9-6　不均匀冻胀示意图

$$k = \frac{\alpha_{//}}{\alpha_{\perp}} \tag{9-1}$$

式中　$\alpha_{//}$——平行于温度梯度的线冻胀率；

$\alpha_\perp$ ——垂直于温度梯度的线冻胀率。

9.3 实验操作与记录

9.3.1 操作步骤

（1）将砂岩切割成合适的尺寸（也可用砂浆等类岩石材料代替），将试件放入真空泵内，注入蒸馏水，合上盖板，用真空泵抽取容器内的空气，抽气 4h 后关闭设备，2h 之后继续抽气 4h，循环 2~3 次，直至容器内的蒸馏水无气泡冒出。最后取出试件并擦干。

（2）在试件表面涂抹环氧树脂，防止试件表面的凸起颗粒对应变测量的影响。在试件表面选择合适的测点位置，用棉花蘸丙酮清洗干净，粘贴应变片，测量试件平行于温度梯度的线冻胀率和垂直于温度梯度的线冻胀率。

（3）本实验采用石英片作为补偿块，在石英补偿块表面粘贴与工作片相同规格的应变片作为补偿片，并将补偿块固定在与应变片相同高度的位置，消除实验中由于温度产生的误差。

（4）在试件表面打孔，插入 PT-100 热敏电阻，测量实验过程中试件内部的温度。试件示意图如图 9-7 所示。

（5）用聚乙烯薄膜包裹试件侧壁作为防水处理，再用 15mm 厚聚氨酯保温棉包裹试件侧壁，保证由两控温板提供的冷量不散失，同时防止空气中的水分在试件表面冷凝结冰影响实验结果。

（6）将试件安装于不均匀冻胀实验装置控温板底板，使试件底面与其紧密贴合，在试件顶面加盖上端控温板并使两者紧密贴合。将应变片以及 PT-100 温度传感器的导线连接至 JM3818 静态电阻应变仪，确认连通后，利用电阻应变仪自带的调平衡功能将应变片的初始读数归零，设置电阻应变仪的数据采集模式为离线自动采集。设置两液浴循环槽的恒定温度，打开液浴循环槽开关，对试件进行单向冻结（图 9-8）。

图 9-7 试件实物图

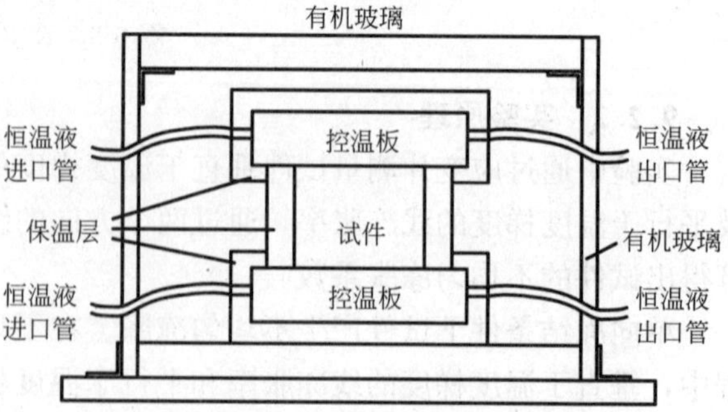

图 9-8 试件安装示意图

图中标注：有机玻璃、控温板、恒温液进口管、恒温液出口管、保温层、试件、有机玻璃、恒温液进口管、控温板、恒温液出口管

9.3.2 实验记录

类岩石材料不均匀冻胀实验记录见表 9-1。

不均匀冻胀实验数据处理成果表　　　　　表 9-1

实验名称		仪器设备名称	
实验日期		仪器设备编号	
冻胀变形及温度变化曲线			

上板温度(℃)	下板温度(℃)	温度梯度(℃·cm^{-1})	$\alpha_{//}$(με)	$\alpha_{\perp}$(με)	k

实验者：　　　　　　　计算者：　　　　　　　校核者：

9.4 实验成果整理

（1）根据静态电阻应变仪采集的数据可以得到裂隙岩体试件冻胀变形曲线及温度变化曲线。

（2）从裂隙岩体试件冻胀变形曲线中可以得到稳定阶段岩石平行于温度梯度的线冻胀率 $\alpha_{//}$ 和垂直于温度梯度的线冻胀率 $\alpha_{\perp}$。将 $\alpha_{//}$、$\alpha_{\perp}$ 代入式（9-1）得到岩石的不均匀冻胀系数 k。

（3）将试件冻胀变形曲线及温度变化曲线绘入表 9-1，并按表格的要求计算不均匀冻胀系数。

9.5 裂隙岩体不均匀冻胀实例

9.5.1 试件制作

实验采用砂岩进行岩石不均匀冻胀实验，砂岩的基本物理力学性质参数如表 9-2 所示。将砂岩切割成 100mm×100mm×100mm 的立方体，将试件放入真空泵内，进行饱水处理。

在砂岩试件表面涂抹环氧树脂，在试件表面中心位置，用棉花蘸丙酮清洗干净，粘贴互相垂直的两片应变片。用石英作为补偿块，固定在与应变片相同高度处。在试件表面打孔，插入 PT-100 热敏电阻。

用聚乙烯薄膜包裹砂岩试件侧壁，用 15mm 厚聚氨酯保温棉将砂岩试件侧壁再次包裹。

砂岩基本物理力学性质参数 　　　　　　　　　　　　　　表 9-2

孔隙率(%)	干密度（g/cm³）	饱和密度(g/cm³)	弹性模量(GPa)	抗压强度(MPa)
18.4%	2.08	2.27	2.30	8.52

9.5.2 试件安装

将试件安装于不均匀冻胀实验装置控温板底板，在试件顶面加盖控温板顶板。将应变片以及 PT-100 温度传感器的导线连接至 JM3818 静态电阻应变仪。设置两液浴循环槽的恒定温度，实验过程中上端控温板的温度分别为 −5℃、−10℃、−15℃、−20℃，下端控温板的温度恒定在 2℃，对试件进行单向冻结。

9.5.3 实验数据处理

实验中上板温度分别为 −5℃、−10℃、−15℃、−20℃，下板温度 2℃，两板之间的距离（即试件高度）为 100mm，温度梯度为上下板温度差除以两板之间的距离，因此四种温度工况下温度梯度分别为 0.7℃·cm⁻¹、1.2℃·cm⁻¹、1.7℃·cm⁻¹、2.2℃·cm⁻¹，根据试件冻胀变形曲线得到试件两个方向上的线冻胀率 $\alpha_{//}$、$\alpha_{\perp}$，根据公式（9-1）计算得出不均匀冻胀系数 k，结果见表 9-3～表 9-6。

不均匀冻胀实验数据处理成果表　　　　　　　　　表 9-3

日期：　　　　　　天气：　　　　　　测量者：

冻胀变形及温度变化曲线

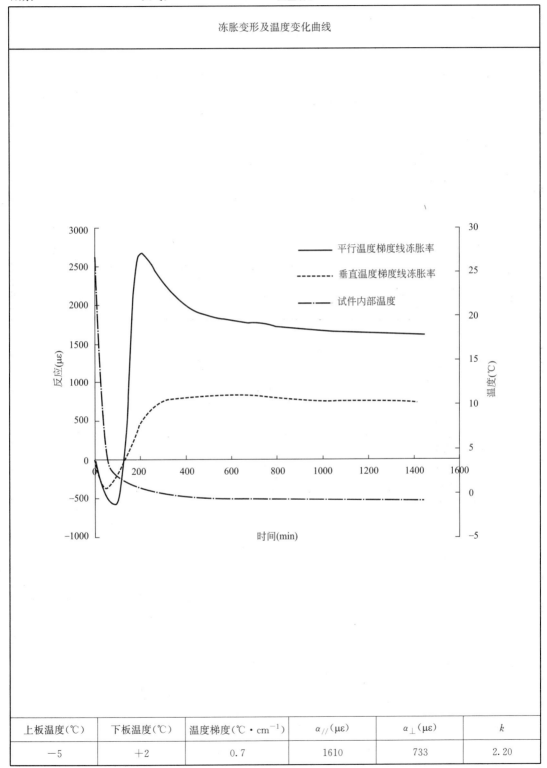

上板温度(℃)	下板温度(℃)	温度梯度(℃·cm^{-1})	$\alpha_{//}(\mu\varepsilon)$	$\alpha_{\perp}(\mu\varepsilon)$	k
－5	＋2	0.7	1610	733	2.20

不均匀冻胀实验数据处理成果表 表 9-4

日期: 天气: 测量者:

冻胀变形及温度变化曲线

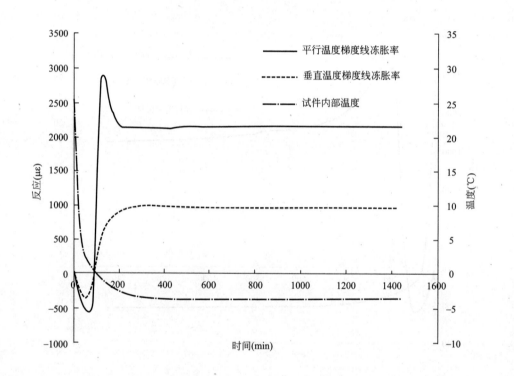

平行温度梯度线冻胀率
垂直温度梯度线冻胀率
试件内部温度

上板温度(℃)	下板温度(℃)	温度梯度(℃·cm^{-1})	$\alpha_{//}$(με)	$\alpha_{\perp}$(με)	k
−10	+2	1.2	2160	970	2.23

不均匀冻胀实验数据处理成果表

表 9-5

日期：　　　　　　天气：　　　　　　　　　测量者：

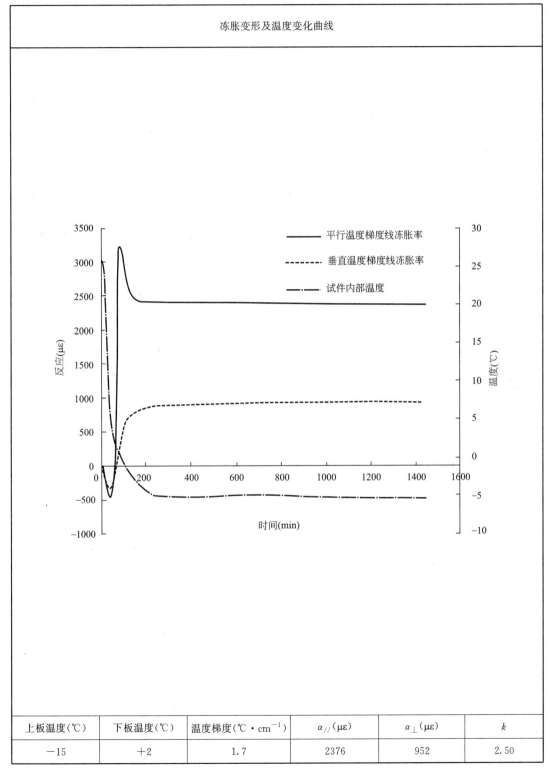

上板温度(℃)	下板温度(℃)	温度梯度(℃·cm^{-1})	$\alpha_{/\!/}$(με)	$\alpha_\perp$(με)	k
-15	$+2$	1.7	2376	952	2.50

不均匀冻胀实验数据处理成果表　　　　　表 9-6

日期：　　　　　天气：　　　　　测量者：

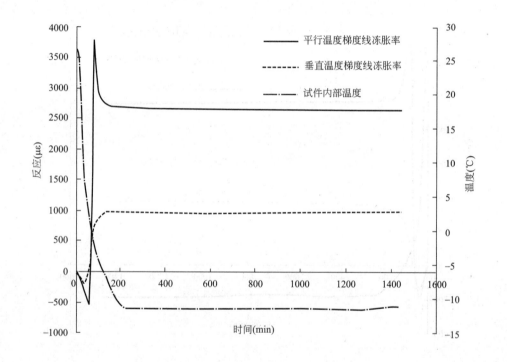

冻胀变形及温度变化曲线

上板温度(℃)	下板温度(℃)	温度梯度(℃·cm⁻¹)	$\alpha_{//}(\mu\varepsilon)$	$\alpha_{\perp}(\mu\varepsilon)$	k
−20	+2	2.2	2644	975	2.71

参 考 文 献

[1] 夏才初，潘国荣．岩土与地下工程监测 [M]．北京：中国建筑工业出版社，2017.

[2] 夏才初，李永盛．地下工程测试理论与监测技术 [M]．上海：同济大学出版社，1999.

[3] 宰金珉，王旭东，徐洪钟．岩土工程测试与监测技术（第二版）[M]．北京：中国建筑工业出版社，2016.

[4] 张晓娜，胡孟谦．传感器与检测技术 [M]．北京：化学工业出版社，2014.

[5] 吴乾坤，李大鹏，王忠彪．某深大基坑工程深层水平位移变形规律分析 [J]．北京测绘，2019，33（06）：704-707.

[6] 袁文忠．相似理论与静力学模型试验 [M]．成都：西南交通大学出版社，1998.

[7] 左启东．模型试验的理论与方法 [M]．北京：中国水利水电出版社，1984.

[8] 王志伟，秦国鹏，杨振平，崔连刚．大型深基坑分区拆换撑施工技术 [J]．中国港湾建设，2019，39（07）：28-32.

[9] 吴加武．真空预压处理珠三角大面积软土的监测及效果分析 [J]．中国水运，2018（06）：46-47.

[10] 夏才初，那通兴，张平阳，等．智能隧道激光收敛仪监测隧道拱顶下沉的原理及其应用 [J]．现代隧道技术，2018，55（02）：20-27.

[11] 夏才初，那通兴，张平阳，等．智能隧道激光收敛仪的研制和应用 [J]．同济大学学报（自然科学版），2017，45（04）：504-510.

[12] 夏才初，那通兴，彭国才，陈忠清．公路隧道施工变形监测精度要求探讨 [J]．隧道建设，2016，36（05）：508-512.

[13] 杨峰，彭苏平．地质雷达探测原理与方法研究 [M]．北京：科学出版社，2010.

[14] 交通部公路科学研究院．公路工程质量检验评定标准 第一册 土建工程 JTG F80/1-2017 [S]．北京：人民交通出版社，2018.

[15] 中华人民共和国住房与城乡建设部．建筑桩基技术规范 JGJ 94—2008 [S]．北京：中国建筑工业出版社，2008.

[16] 中国工程建设标准化协会．超声法检测混凝土缺陷技术规程 CECS21：2000 [S]．北京：中国城市出版社，2000.

[17] 郑晖，林树青．超声检测（第2版）[M]．北京：中国劳动社会保障出版社，2008.

[18] 陈凡，徐天平，陈久照，关立军．基桩质量检测技术（第2版）[M]．北京：中国建筑工业出版社，2014.

[19] 夏才初，张国柱，孙猛．能源地下结构的理论与应用 [M]．上海：同济大学出版社，2015.

[20] 夏才初，李强，吕志涛，等．各向均匀与单向冻结条件下饱和岩石冻胀变形特性对比试验研究 [J]．岩石力学与工程学报，2018，37（02）：274-281.

[21] 吴佳晔．土木工程检测与测试 [M]．北京：高等教育出版社，2015.